백악기 지상 최고의 포식자

티라노사우루스

지은이 　하연철·이동근

일러스트레이터 　김민구

전파과학사

백악기 지상 최고의 포식자

티라노사우루스

프롤로그

인간은 늘 미지의 세계에 열광하고 공룡의 세계는 아직 인간이라는 종에게 미지의 세계로 남아 있다. 때문에 우리는 공룡을 보면 환호하고 새로운 공룡에 열광한다. 그중에서도 우리는 티라노사우루스에 열광했으며 열광하고 있고 앞으로도 계속해서 열광할 것이다. 그렇게 우리에게 티라노사우루스는 공룡을 대표하는 키워드로 자리잡고 있다. 티라노사우루스는 그 등장 이후로 인간에게 가장 많이 연구가 진행된 공룡이다. 그래서 우리는 티라노사우루스에 대해서 많은 사실을 알아낼 수 있었지만 동시에 많은 것을 모르고 있다.

이번 책은 티라노사우루스에 대한 전반적인 내용을 소개하고 있다. 일부 티라노사우루스과 공룡에 대해서도 어렵지 않게 다루고 있기 때문에 티라노사우루스와 공룡에 관심이 있는 독자들이라면 이 책을 어렵지 않게 소화해낼 수 있을 것이라고 생각한다. 모두가 티라노사우루스의 매력에 한층 더 매료되길 바라면서 글을 시작한다.

지은이

1. 땅속에서 걸어 나온 티라노사우루스

우리는 왜 그렇게 티라노사우루스에 열광할까?

역사에서 지구라는 행성에 인간이라는 동물은 상상력이 뛰어나서인지 아님 인간의 두려움이 새로운 동물을 만들어내는지는 모르겠지만 늘 상상의 동물을 만들어냈고, 심지어는 그 동물을 신처럼 숭배하는 일도 비일비재하였다(예를 들면 용과 현무, 삼족오 같은 동물들). 그런 인간에게 공룡이라는 생물은 인간의 두려움과 상상력을 동시에 자극하기에 안성맞춤이었을 것이라고 생각한다. 물론 공룡을 숭배하지는 않지만 그중에서도 특히 티라노사우루스는 아주 매력적이다. 거대한 몸집에 달린 커다란 머리, 커다란 입속에 있는 강력해 보이는 이빨까지, 지구의 역사와 다윈의 진화론이 합쳐져 걸작을 만들어내면 저런 느낌인 걸까? 인간은 이제껏 한 번도 보지 못한 티라노사우루스의 골격에서 지금까지와는 비교할 수 없었던 엄청난 매력을 느끼며 열광한다.

나는 프롤로그에서 말했던 것처럼 종종 조용한 박물관에 전시되어
있는 티라노사우루스 앞에 서서 한참을 생각한다.

"지금 이 티라노사우루스가 살아나서 돌아다닌다면 어떤 모습일까"
"아마 쥐라기 공원과 같은 모습이 되지 않을까?"
"아니야, 아마 사람들이 공룡을 애완동물처럼 키우지 않을까?"
"그런데 무엇보다 공룡을 통제하는 게 가능할까?"

아무도 없는 불 꺼진 박물관에 출근해서 티라노사우루스 앞에 있으
면 마치 시간이 멈춘 듯한 기분이 들고는 한다. 이런 기분으로 티라
노사우루스를 조용히 바라보고 있으면 당장이라도 살아날 듯한 모
습과 함께 티라노사우루스가 겪었던 이야기를 조용히 생각해 본다.
이제부터 그 이야기를 시작해 보려고 한다.

위대하지만 아무도 알지 못했던 왕의 귀환

1892년 어느 날, 에드워드 드링거 코프라는 고생물학자가 두 조각
의 척추를 발견한다. 화석화된 거대한 척추의 조각은 마치 스펀지처
럼 구멍이 송송 뚫려 있었다. 코프는 그 척추뼈를 보고 생각한다.

"이 목뼈는 새로운 뿔 공룡의 것일 거야!"

이제 뼈 주인의 종류를 알았으니 이름을 정해 주어야 한다. 하지만

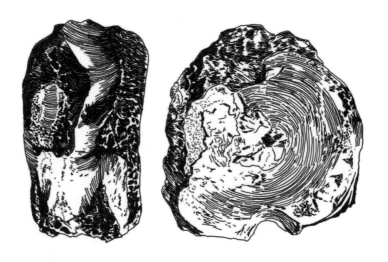

이런 화석은 두개골이 발견된 것도 아니니 무엇을 보고 이름을 정할까라고 생각할 법하다. 그래서 코프는 그 척추 뼈에 '마노스폰딜루스 기가스Manospondylus Gigas'라는 이름을 지어주었다. 그 이름의 뜻은 구멍이 많이 있는 척추뼈라는 뜻이었다(추가적으로 당시 코프는 그 척추뼈의 주인이 아가타우마스라는 케라톱스과 공룡과 같은 종류의 것인 줄 알았다고 한다). 그 뒤로 약 100년이 지나고 이 척추뼈가 사람들의 기억 속에서 그 강렬함을 서서히 잃어갈 때 쯤 블랙힐 연구소Black Hills Institute 소장 피터 라슨은 마노스폰딜루스 기가스의 예전 발견 장소를 찾아갔고 마노스폰딜루스의 일부를 더 발견하게 된다.

"티라노사우루스였구나!!!"

사우스다코다의 발견 장소에서 추가로 발견된 화석들로 인해 학자들은 동일한 개체(티라노사우루스)의 화석으로 확인하고 마노스폰딜루스 기가스가 트리케라톱스와 같은 뿔 공룡이 아닌 티라노사우루스라는 것을 확인할 수 있었다.

마노스폰딜루스 기가스 = 티라노사우루스였던 것이다.

잠시 티라노사우루스의 이야기를 멈추고 코프와 그와 거의 같은 시대에 활동했던 마쉬라는 고생물학자의 이야기를 살펴보자. 이 이야기는 공룡을 좋아하는 사람들이라면 한 번쯤은 들어 봤을 이야기이다. 1864년, 독일 베를린에서 두 고생물학자가 서로를 마주하게 되었다. 코프와 마쉬였다. 그들의 관계는 우호적인 듯하였으나 점차 둘의 성격 차이로 인해 다투게 되었다. 또한 자라온 환경과 경력에서도 두 사람의 차이가 드러났다. 대표적인 예로 마쉬는 1870년부터 1873년까지 몇 달의 짧은 시간만 발굴 현장에서 보내고 나머지는 실내에서 보냈지만, 코프는 모든 기간을 발굴 현장에서 보낸 것부터 둘은 차이를 보였다(부유한 것만 공통점일 뿐 모든 것이 달랐을지도 모른다).

1870년, 그들의 갈등에는 엘라스모사우루스라는 바다 파충류가 중심에 있었다(엘라스모사우루스처럼 바다에 사는 파충류나 익룡은 공룡이 아니다). 이는 코프의 실수였는데 엘라스모사우루스의 꼬리 자리에 머리를 달아버린 것이다. 이를 본 마쉬가 코프에게 꼬리 자리에 머리가 달려 있음을 알려 주었고 마쉬는 코프에게 창피를 주었다(물론 마쉬가 실수를 안 한 것은 아니다. 마쉬도 용각류에 잘못된 머리를 붙였지만 100년 뒤에나 실수가 밝혀졌으니 무덤에서 놀릴 수도 없는 노릇이다). 이 일을 시작으로 마쉬와 코프는 20년이 넘도록 서로 다투고 비방하며 상대방에 대한 예의

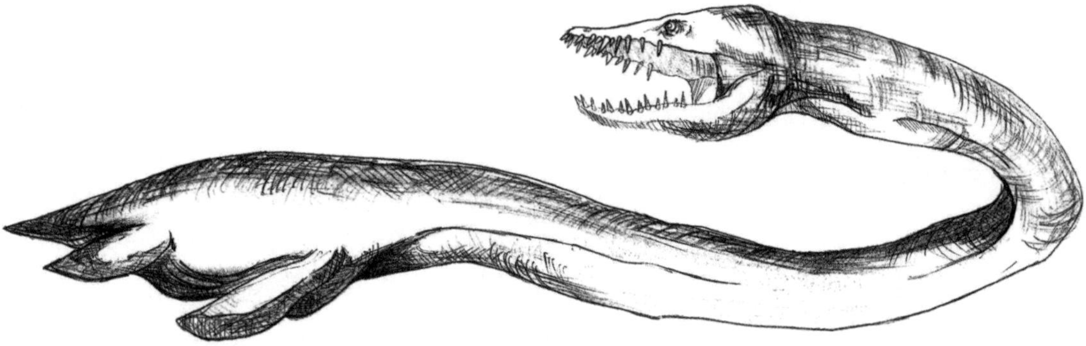

〈그림 1-2〉 엘라스모사우루스의 복원도

를 지키지 않았다(때로는 상대방의 발굴 현장을 다이너마이트로 날려 버린 것 같이 윤리보다는 서로에 대한 감정이 앞선 행동들이 많았다). 그 이후로 마쉬는 끊임없이 코프를 못살게 굴었고 결국 코프의 자금과 화석을 제외한 모든 것을 빼앗는 듯하지만 후에 마쉬의 불법적인 행동이 일일이 밝혀지며 결국 두 학자는 모든 것을 잃어버리고 사망한 뒤에야 이 전쟁은 끝이 난다(전쟁의 승자를 가리는 것이 무슨 의미가 있는지 알 수 없지만, 승자는 마쉬일 듯하다. 마쉬는 공룡 80종을 찾았고 코프는 56종을 찾았다. 이들이 찾은 대표적인 공룡은 알로사우루스, 스테고사우루스, 트리케라톱스 등이다).

퇴적층 사이로 삐져나온 포식자의 이빨

'툭, 투둑' 흙이 땅으로 떨어지며 뾰족한 무언가가 알 수 없는 기운을 내뿜는다.

말과 함께 화석을 발굴하기 위해 다그닥 다그닥 소리를 내면서 탐사를 하던 도중 황량한 지층에 거대한 두개골과 삐져나온 이빨 사이로 흙이 떨어지는 것이 보인다. 침식된 퇴적층 사이로 자태를 뽐내는 포식자의 두개골을 확인하기 위해 1902년 미국 자연사 박물관(AMNH, 많이 등장하는 약자니 알아두는 것도 좋을 듯하다)에서 일하는 바넘 브라운이라는 고생물학자는 3년간 흙과 먼지를 뒤집어쓰면서 발굴 작업을 진행한다(충격적인 것은 당시에 브라운이 사용한 발굴 비용이 275달러밖에 되지 않는다는 것이다. 물론 환율이 다르니 우리가 몇 년 전 물가를 생각하는 것과 비슷할 것이다). 그렇게 폭발음과 먼지가 뒤섞인 발굴 작업이 1908년 10월 끝나자 미국 자연사 박물관의 관장 헨리 오스본에게 표본을 보내게 된다. 화석을 받은 오스본은 기뻐하며 이 화석에 그 유명한 '티라노사우루스 렉스Tyrannosaurus Rex'라는 이름을 붙인다. 하지만 여기서 끝난 것이 아니다. 후에 두 차례에 걸친 추가 탐사에 의해 또 다른 티라노사우루스들이 세상에 등장하였다. 이 화석을 박물관에 전시하기 위해 많은 처리 작업을 거친 뒤 드디어 1915년, 티라노사우루스가 처음으로 인간들에게 그 모습을 보인다. 인간과 멸종한 포식자 간의 역사적인 첫 만남이었다. 사람들은 그 모습을 보기 위해서 엄청나게 몰려왔고 티라노사우루스 렉스는 순식간에 유명세를 치르고 공룡이라고 하면 가장 먼저 떠오르는 공룡이 된다. 이 전

〈그림 1-3〉 티라노사우루스의 두개골 사진

시는 바넘 브라운 개인에게도 의미 있는 전시였고 인간이라는 종에
게도 의미 있는 전시였다(당시 전시에서는 티라노사우루스의 앞발가락이 두 개
임에도 불구하고 티라노사우루스의 앞발가락이 3개로 전시되는 등 잘못된 점이 많았
다고 한다). 바넘 브라운이 티라노사우루스를 퇴적층에서 처음으로 발
견하고 박물관을 통해 대중 앞에 서기까지 걸린 시간은 7년이었다.
이렇듯 공룡을 발굴하는데 많은 시간이 걸린다. 멸종한 공룡에게 새
생명을 주는 것은 쉬운 일이 아니다.

바넘 브라운의 실수로 티라노사우루스의 운명이 바뀌다

위 이야기로부터 2년 전, 미국 와이오밍주에서 바넘 브라운은 관장
인 헨리 오스본의 심리적인(어쩌면 재정적인) 압박으로 인해 트리케라
톱스 두개골 찾기에 몰두하고 있었다. 하지만 정작 바넘 브라운의

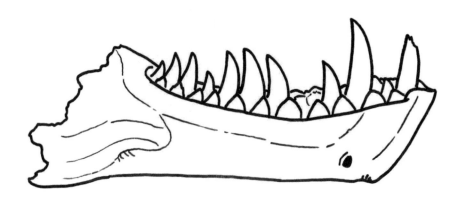

눈에 띈 것은 트리케라톱스의 머리뼈가 아니라 커다란 육식 공룡의 치골(골반)과 대퇴골(허벅지 뼈)들이었다. 이런 화석들을 보고 바넘 브라운은 오스본에게 백악기 층에서는 볼 수 없었던 새로운 화석이었다고 언급했다. 그렇게 화석을 발굴하고 발굴이 끝난 화석을 바로 관장인 헨리 오스본에게 보내야 했지만 왜 그랬는지 바넘 브라운은 화석을 헨리 오스본에게 보내지 않았다.

바넘 브라운이 발견한 화석은 커다란 육식 공룡의 화석과 함께 골편이 함께 발견되었다. 여기서 골편은 갑옷과 같은 뼈로 겉에 드러나 있는 뼈를 말한다. 그래서 바넘 브라운은 자신이 발견한 공룡이 강력한 턱을 가지고 있으면서 몸에 골편 같은 갑옷을 입고 있는 강력한 무기와 방패를 동시에 가진 육식 공룡이라고 생각하고 이를 발표한다. 그러나 사실, 골편은 안킬로사우루스의 것이고 육식 공룡은 티라노사우루스의 것이었다. 발견 당시 섞여서 발견되어 바넘 브라

<그림 1-5> 티라노사우루스 턱뼈 사진

운이 이를 착각한 것이었다. 이 사실을 당시에 알리가 없던 바넘 브라운은 자신이 발견한 공룡에 만족하며 디나모사우루스 임페리오수스라는 멋진 이름을 붙여 준다. 하지만 후에 티라노사우루스와 안킬로사우루스의 화석이 섞여서 발견된 것이 밝혀지면서 디나모사우루스의 반은 티라노사우루스로, 다른 반은 안킬로사우루스가 되었다.

이렇듯 신종 공룡이 발견되었다고 해도 나중에 제대로된 연구를 진행하면 사실은 공룡의 새끼 혹은 청소년이거나 성적이형을 띠고 있는 공룡으로 밝혀지는 일이 빈번하게 일어나면서 공룡의 이름이 생기고 없어지는 일이 **반복된다**(대표적으로 나노티라누스에 대한 논란이 존재한다. 나노티라누스 발견 이후 이 나토티라누스가 티라노사우루스의 새끼인가 아닌가에 대한 다양한 주장이 제기되었고 이 논쟁은 현재까지 진행 중이다. 이와 관련한 이야기는 뒤에서 다시 한번 하도록 하겠다).

여기서 잠깐 생각해보자. 벌써 티라노사우루스에게 마노스폰딜루스 기가스, 디나모사우루스 임페리오수스, 티라노사우루스 렉스라는 3개의 이름이 붙어 있다. 이런 경우에 3개의 이름을 모두 사용해야 할까? 사실 그렇게 사용하게 되면 과학을 하는 사람들이 일일이 이름을 구분해야 하고 이름을 모르는 사람은 착각할 수도 있기 때문에 한 가지 이름만을 사용해야 한다. 그렇다면 우리는 도대체 어떤 이름을 써야하며 왜 우리는 티라노사우루스 렉스라고 부르고 있을까?

고생물학자들은 이를 정리하기 위해 국제동물명명규약을 사용했다. 국제동물명명규약에 따르면 먼저 지어진 이름인 '마노스폰딜루스 기가스'가 지금의 '티라노사우루스'의 이름이 되어야 한다. 그런데 우리는 티라노사우루스라고 부르고 있다. 뭔가 다른 예외적인 상황이 있는 것이다.

상황이 조금은 다르다. 티라노사우루스는 공룡이 발견된 이후로 인간들에게 엄청난 관심을 받았고 그에 비례하게 가장 많은 연구가 진행된 공룡 중 하나다. 2000년 1월 1일부터는 국제동물명명규약 4판을 따르게 되었고 거기에는 1899년 이후로 유효한 이름으로 사용되지 않았으며, 나중에 명명된 동물 이명(다른 이름)이 특정한 하나의 분류군에 대하여 유효한 이름으로 간주되어 직전 50년 동안 최소한 25건의 연구에서, 최소한 10명 이상의 저자에 의해 사용되었다면, 이 경우에는 "널리 쓰이는 이름이 유지되어야 한다"라는 규정은 결국 50년 동안 25번의 연구 결과에서 10명 이상의 사람들이 이름을 사용했다면 그 이름을 쓰겠다는 이야기이다. 그래서 티라노사우루스로 부르게 된 것이다(디나모사우루스는 티라노사우루스보다 한 페이지 뒤에 있어서 탈락했다).

그렇게 '마노스폰딜루스 기가스'와 '디나모사우루스 임페리오수스'라는 이름은 역사의 저편으로 자취를 감추게 되었고 가장 유명한 공룡인 티라노사우루스 렉스가 되었다.

발굴자 바넘 브라운의 뒷이야기

미국 일리노이주 카본데일에서 1873년, 역사적인 고생물학자 바넘 브라운이 농장에서 태어난다. 광활한 석탄층이 펼쳐진 주변 환경 덕분인지 바넘 브라운은 석탄층에서 화석을 채집하여 집에 박물관을 만들며 어린 시절을 보냈다. 하지만 어린 그에게도 난관이 있었으니 그건 부모님의 반대였다. 그렇게 영원할 것 같은 반대를 겪었지만 후에 브라운은 부모님의 응원을 받으며 1893년, 캔자스대학교에 입학하게 된다. 그리고 1년 뒤 1894년 바넘 브라운은 캔자스대학교 고생물학자 윌리스톤 교수와 화석 탐사를 떠나게 되고 그의 재능과 능력을 알아본 윌리스톤 교수에게 주목을 받게 되어 1896년 23살의 나이에 미국 자연사 박물관 척추 고생물학실에서 진행한 탐사에 참여하였다. 몇 년 뒤 그는 탐사의 책임자 자리에 까지 오르게 된다. 그는 관장인 오스본과의 인연을 이어가며 위에 써 놓은 이야기 중 일부인 티라노사우루스와 같은 공룡을 발굴했고 고생물학에 한 획을 긋는 실적을 올린다.

변외의 이야기로 그는 참 특이한 사람이기도 했다. 꼭 탐사를 진행할 때 코트를 입고 갔다고 한다(옷을 잘 입어 인기 또한 많았다고 한다). 그는 1900년도에 생물학을 공부했던 매리언이라는 여자와 결혼하여 딸을 낳는다. 하지만 나중에 아내와 딸은 병에 걸리게 되고 다행히 딸은 회복되지만 부인인 매리언은 사망하는 비극을 겪기도 하였다. 그 후로 그는 82살까지 탐사를 진행했고 고생물학의 전설로 남게 된다.

지금까지 티라노사우루스가 세상에 그 존재를 알리기까지의 이야기를 살펴보았다. 뛰어난 고생물학자들이 관여했고 티라노사우루스의 이름이 정해지기까지 많은 사건이 있었다. 앞에서 살펴본 사건들이 일어난 이후로 또다시 많은 시간이 지났고 우리는 저 당시보다 더 많은 티라노사우루스를 발견했다. 이제 어떤 티라노사우루스들이 있는지 살펴보자(일부 티라노사우루스에게는 사람의 이름과 같은 이름으로 티라노사우루스 표본에 붙어 있다고 한다. 대표적으로 수와 스탠 같은 이름이 있다).

〈그림 1-7〉 티라노사우루스 스탠 전신골격 사진   지질박물관

〈그림 1-8〉 티라노사우루스 스탠 두개골 사진　　지질박물관

완벽한 머리, 스탠(STAN)

1987년, 햇살의 따뜻함을 마음껏 느끼던 스탠 새크리슨이라는 고생물학자가 사우스 다코다주 헬크릭 지층을 탐사하다 절벽 한쪽에 커다란 골반의 일부가 튀어나와 있는 것을 발견했다. 스탠은 많은 시간을 들여 조사했고 1992년 블랙힐 연구소에서 발굴을 시작하면서 스탠STAN이라는 이름을 지었다.

발견된 뼈는 충격적이었다. 두개골은 마치 폭탄이라도 맞은 것처럼 사방으로 분리되어 있었지만 퇴적층에 눌려 변형되는 일 없이 아래 턱뼈에 두 조각만을 제외한 모든 뼈가 발굴되었다. 완벽한 티라노사우루스의 두개골이 인간들 앞에 모습을 드러낸 순간이었다. 스탠의 발견 덕분에 고생물학자들은 티라노사우루스의 두개골에 대한 다양한 기능과 뇌용량 등 여러 가지 연구를 진행할 수 있었다.

스탠의 뼈에는 티라노사우루스의 삶이 어떠했는지 기록이 남아 있다. 스탠의 두개골을 관찰해보면 많은 상처가 나있는 것을 볼 수 있다. 대표적으로 아래턱에서 많은 구멍을 볼 수 있고 후두부에서도 구멍이 관찰된다. 또한 옆쪽에서도 많은 구멍을 볼 수 있다. 이런 상처는 동족에 의해 생겼을 가능성이 있지만, 아직 정확하게 알 수는 없다. 하지만 스탠이 이러한 상처를 입고도 많은 시간을 살아서 돌아다닌 것으로 보이는데, 이런 생존력은 가히 엄청나다고 할 수 있다(티라노사우루스 스탠은 지질박물관에 전시되어있다).

화석에 가격표를 붙이다, 수(SUE)

1990년 7월, 블랙힐 지질학 연구소의 피터 라슨은 발굴지 근처에서 죽어 있는 말을 발견하고 주인을 찾아나섰다. 주인은 마우리스 윌리엄스라는 사람으로 블랙힐 연구소에 관심을 보이고 이들이 자신의 농장에서 화석 탐사를 하도록 허가했다.

그렇게 화석을 탐사하던 중 1990년 8월 12일 연구소 직원 수잔 헨드릭슨은 마우리스 윌리엄스의 농장에 화석을 찾으러 나가게 되었다. 그런데 이게 무엇인가, 수잔 헨드릭슨의 시선이 닿은 곳은 어느 한 뼈가 들어나 있는 절벽이었고 나중에 이를 본 피터 라슨은 이것이 티라노사우루스의 뼈라는 것을 직감했다.

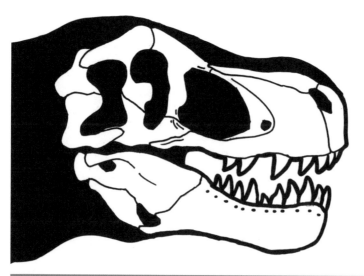

〈그림 1-9〉 티라노사우루스 수의 골격도

1998년 드디어 발굴이 시작되었고 1999년까지 25,000시간이라는 어마어마한 시간을 들여서 발굴 작업을 진행한 결과, 거의 모든 뼈를 발견할 수 있었다. 다시 한번 세상에 나온 거대한 티라노사우루스에게 수SUE라는 수잔 헨드릭슨의 애칭을 붙여 주었다. 연구소는 이를 마우리스 윌리엄스에게 5,000달러에 구매하였다.

그렇게 역사상 가장 커다란 티라노사우루스는 별일 없이 연구소 소유가 되는 듯싶었으나, 갑자기 FBI가 연구소에 들이닥치면서 무엇인가 잘못되어가고 있다는 것을 직감했다. 티라노사우루스의 골격이 망가질까 연구소 직원들은 티라노사우루스를 연구소에 보관할 것을 요청했지만 이는 압수수색 과정에서 받아들여지지 않고 다른 곳으로 옮겨지게 되었다. 이후 정부는 티라노사우루스의 발굴지가 국가 소유의 땅이라는 점을 지적하면서 '인디언 보호 정책'에 따라 마우리스 윌리엄스가 티라노사우루스의 소유자임을 인정했다. 물론 마우리스 윌리엄스는 돈을 받은 적이 없다고 부인했고 티라노사우루스를 경매장에 내놓아 760만 달러에(당시에 어떤 화석보다도 비싼 가격이다) 필드 자연사 박물관으로 팔려가게 된다. 가장 커다란 티라노사우루스 화석에 가장 큰 호모사피엔스의 가격표가 붙어 버리게 된 것이다. 그렇게 팔려간 티라노사우루스는 2000년 5월 17일 필드 자연사 박물관 스탠레이 필드 홀에서 사람들 앞에 모습을 드러내게 된다.

수는 가장 거대한 티라노사우루스이다. 그런 수는 19살에 성장을 완료했으며 28살까지 살았던 것으로 추정되고 있다. 수는 스탠과 달리, 물렸던 별다른 흔적을 발견하지 못했으며 병에 걸렸다는 연구 결과가 존재한다. 이런 것을 보면 수의 삶은 스탠의 삶보다는 평탄한 것으로 보인다(여기서 주의할 점은 티라노사우루스 수의 이름은 여자 이름이지만 수의 성별은 모른다).

처음으로 여권을 발급받은 티라노사우루스, 트릭스(TRIX)

2012년, 네덜란드 나투랄리스 생물다양성센터는 2017년 공개할 새 전시를 위하여 화석을 발굴하러 간다. 물론 그들의 목적은 티라노사우루스였다. 많은 고생물학자들로 이루어진 팀이 블랙힐 연구소와 함께 발굴을 진행한다. 그렇게 발굴이 시작되고 한 농부에게 제보가 들어왔지만 발굴은 2013년으로 연기된다. 2013년 힘차게 다시 발굴을 시작했지만 기대한 티라노사우루스는 나오지 않고 트리케라톱스만 나오는 것이 아닌가. 그래도 나왔는데 다시 묻어둘 수도 없는 노릇이었다. 그렇게 화석 발굴을 마치고 2013년 5월, 몬태나주의 한 목장에서 티라노사우루스 화석이 나온다는 소식을

〈그림 1-10〉 티라노사우루스 트릭스 골격도

듣고 미국으로 향했다. 기대 반 근심 반으로 티라노사우루스 화석
지에 가보니 정말 티라노사우루스가 있었다. 열심히 발굴을 해서
나온 티라노사우루스의 이름을 정하기 위해 네덜란드에서 공모전
이 열린다. 그렇게 티라노사우루스에게 주어진 이름은 트릭스였
다. 나름 괜찮은 이름을 가지고 네덜란드 나투랄리스 박물관으로
옮겨지기 위해 티라노사우루스는 처음으로 비행기에 큰 몸을 싣는
다. 특별한 방문객을 위해서 네덜란드 정부는 트릭스의 이름으로
여권까지 발급해 주게 된다. 처음으로 여권을 발급받은 티라노사
우루스였다.

트릭스는 앞에서 언급한 티라노사우루스와 스탠과 수를 제외한 티
라노사우루스들 중에서 보존율이 가장 높은 티라노사우루스이다.
트릭스의 화석 사진을 보면 완벽한 모습을 볼 수 있는데 이것은 트
릭스의 것이 아니라 일부 티라노사우루스 수의 화석을 토대로 복원
한 것이다.

나노티라누스? 어린 티라노사우루스? 제인(JANE)

2001년 뜨거운 여름 몬타나의 헬크릭층, 그 뜨거운 날씨만큼이나 세상을 뜨겁게 달굴 화석 티라노사우루스 제인JANE이 버피 박물관 큐레이터 마이클 헨드릭슨이 이끄는 탐험대에 의해 발견되었다. 제인JANE이라는 이름은 버피 박물관의 후원자 이름인 제인 솔렘의 이름을 따서 지어졌다(이름이 여성의 느낌이 강하지만 사실 제인의 성별은 정확하게 알지 못한다).

제인은 몸길이 약 7m 정도로 다른 티라노사우루스의 크기에 비해 작은 크기로 전체적으로 날렵한 체형에 얇은 두개골을 가진 것이 특

〈그림 1-11〉 티라노사우루스 제인의 복원도

징이다. 이런 제인이 고생물학자들의 열기를 타오르게 할 수 있었던 이유는 딱 한 가지, 이 공룡이 나노티라누스인지 어린 티라노사우루스 중 어떤 공룡인지에 대한 논쟁 때문이다. 현재도 그 오래된 논쟁의 가운데에서 티라노사우루스라 주장하는 쪽과 나노티라누스라 주장하는 쪽 어느 한쪽도 양보하지 않고 버티고 있다.

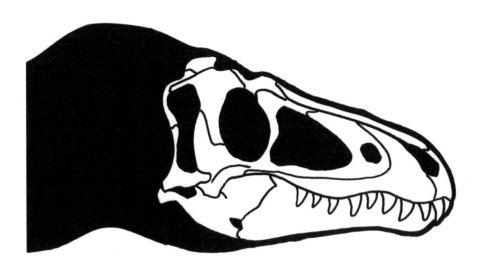

〈그림 1-12〉 티라노사우루스 제인의 골격도

나노티라누스는 티라노사우루스의 새끼일까?

나노티라누스가 티라노사우루스의 새끼일지도 모른다는 주장을 조금 더 자세히 살펴보자. 앞에서 말했던 것처럼 신종 공룡이 발견되었다고 하더라도 연구가 이루어지게 되면 사실은 신종 공룡이 아닐 수도 있으며 기존에 존재했던 공룡이 성적이형을 띠고 있던 공룡일 수도 있고 공룡의 새끼일 수도 있다. 1942년, 데이비드 던클에 의해 나노티라누스의 두개골이 세상에 공개되었다. 그 후 1946년 고르고사우루스와 같이 분류되었지만 다시 1988년 로버트 바커가 나노티라누스라는 새로운 종으로 분류한다. 이렇게 많은 사건을 거치고 난 후에도 문제는 존재했다. 나노티라누스는 티라노사우루스와 같은 시대에 살았지만 나노티라누스는 아성체(청소년)만 발견되고 티라노사우루스는 성체만 발견된다는 점이었다.

이에 대해 로버트 바커와 피터 라슨 박사는 나노티라누스는 독립된 하나의 종이라는 의견을 고수하고 있으며 이에 대해 나노티라누스의 이빨 개수와 티라노사우루스의 이빨 개수가 다르다는 점을 이야기하고 있다. 또한 티라노사우루스와 나노티라누스의 뇌의 모양이 다르다는 점과 팔의 길이에도 문제가 있다고 주장하였다(하지만 사람마다 개개인의 차이가 존재하듯 개체 간의 차이를 무시할 수 없기 때문에 주장의 신빙성은 고려해 봐야 하며 아마도 많은 개체를 발굴하여 통계학적 검증을 거치면 보다 정확한 데이터가 나오겠지만 이것은 티라노사우루스와 나노티라누스의 개체가 통계학적 검증을 할 만한 표본이 없다는 문제에 부딪힐 것이다).

2020년 1월 1일 새해 첫날, 흥미로운 가설이 등장했다. Holly N. Woodward은 나노티라누스의 골격에 대해 골조직학적 분석을 진행한 결과를 〈Growing up Tyrannosaurus rex : Osteohistology refutes the pygmy "Nanotyrannus" and supports ontogenetic niche partitioning in juvenile Tyrannosaurus〉이라는 제목으로 발표한 것이다. 골조직학적 분석의 결과는 나노티라누스가 티라노사우루스의 새끼라는 것을 말해 주고 있다고 밝히고 있다. BMR P2002.4.1.이라는 표본이 사용되었으며 이 표본은 앞에서 소개한 제인이다. 대퇴골(허벅지 뼈)에 골조직학 분석이 진행되었으며 결과는 제인이 13살의 어린 개체임을 말해 주고 있었다고 한다. 또한 다른 나노티라누스 표본으로 알려진 BMR P2006.4.4.의 표본에서 15살이라는 결과가 나왔는데, 나노티라누스로 알려진 두 개체가 모두 어린 개체임을 말하고 있는 것이다. 즉, 어린 티라노사우루스일 가능성에 무게를 실어 준 것이다. 하지만 이런 주장에는 아직 많은 반박들이 존재하고 있다. 얼마 되지 않은 연구 결과인 만큼 후속 연구들이 필요하다.

참고문헌

Holly N. Woodward, Katie Tremaine, Scott A. Williams, Lindsay E. Zanno, John R. Horner, Nathan Myhrvold. Growing up Tyrannosaurus rex : Osteohistology refutes the pygmy "Nanotyrannus" and supports ontogenetic niche partitioning in juvenile Tyrannosaurus. Science advences : Science advences, 2020.

〈그림 1-13〉 티라노사우루스 샘슨의 골격도

가격표가 붙은 또 하나의 티라노사우루스, 샘슨(SAMSON)

1987년, 사우스다코다주에서 보존이 잘 된 티라노사우루스가 세상에 등장했다. 거대한 이빨 22개와 170여 개의 뼛조각과 함께 나온 것이다. 후에 티라노사우루스 샘슨은 티라노사우루스 수와 같이 가격표가 붙어 경매가 진행되었다. 하지만 이번에는 이전과 다르게 조금 더 현대적인 방법으로 판매될 뻔했다. E-BAY라는 인터넷 경매 사이트를 통하여 판매가 진행된 것이다. 샘슨은 Z-REX라는 이름으로 E-BAY에 등록되었으며 가격은 800만 달러 이상이라는 엄청난 조건이 걸렸다. 하지만 비싼 가격 때문인지 경매는 실패했고 2009년 또다시 티라노사우루스 샘슨은 그해 10월 3일 어디로 팔렸는지 공개되지는 않았지만 500만 달러라는 가격에 팔려나갔다고 알려져 있다.

카우보이가 발견한 티라노사우루스, 버키(BUCKY)

인디애나폴리스의 어린이 박물관, 티라노사우루스 스탠 옆에는 또한 마리의 티라노사우루스가 사냥을 하는 자세로 전시되어 있다. 바로 티라노사우루스 버키다. 1998년 20살의 버키 더플링거라는 청년이 페이스 마을 주변에서 발견해서 티라노사우루스에 버키라는 이름이 붙었다. 발견한 사람의 이름을 딴 것이다(버키 더플링거는 8살 때부터 공룡 화석을 수집해 왔다고 하며, 티라노사우루스를 발견한 가장 어린 사람이라고 한다. 나는 이 책을 쓸 때 최연소 티라노사우루스 발굴자로부터 13년이 지나버렸다).

버키는 호모 사피엔스가 발견한 최초의 청소년 티라노사우루스다. 버키의 보존율은 앞에서 살펴본 티라노사우루스들에 비하면 34%로 그렇게 좋은 보존율은 아니지만 거의 완벽한 차골을 갖고 있다는

점이 버키의 특징이며 발견 당시에 에드몬토사우루스와 트리케라톱스와 같이 발견되어 골격들이 물에 떠 내려와 퇴적된 것으로 추정된다. 앞에 소개된 티라노사우루스들에 비해서 상대적으로 부드러운 주변 암석 때문에 발굴이 쉬웠다고 한다.

차골은 무엇인가

차골은 견갑골이라는 뼈를 지탱해 주는 뼈로 흔히 진화의 흔적으로 언급되는 뼈들 중 하나다. 차골의 역할은 팔이 간단히 움직이는 것을 도와주는 동시에 가슴 부위를 보호하는 역할을 했다. 수각류의 앞발은 차골뼈에 의해서 붙어 있다.

블랙뷰티(BLACK BEAUTY), 검정색의 미

앨버타주 크로네스트 패스, 친구들과 낚시 여행을 간 제프 베이커는 1908년 강둑에서 커다란 뼈가 발견된 것을 알린다. 그 후 1982년 로열 티렐 박물관에서 이를 알고 화석을 둘러싸고 있는 사암Sand Stone을 제거하기 위해 발굴 작업에 돌입한다. 블랙뷰티는 말 그대로 검정색을 띠고 있는데 이런 검정색은 망간이라고 불리는 광물이 화석화 과정에서 침투되었기 때문이다. 비록 블랙뷰티의 보존율은 28%에 불과하지만 티라노사우루스의 온전한 앞발이 처음으로 완벽하게 발견된 개체로 알려져 있다(현재 블랙뷰티는 캐나다 로열 티렐 박물관에서 사람들을 기다리고 있다).

화석화의 과정

화석이란 생물이나 생물이 남긴 흔적이 화석화되어 남은 것으로 유기물이 아닌 광물이나 돌이다(화석은 뼈가 아니다). 이렇게 생물이 화석이 되어 다시 재등장할 때까지는 몇 가지 경우가 존재하는데 이를 간단하게 요약하여 설명해 놓았다.

* 광충작용 Permineralization

광충작용은 빈 공간에 광물질 혹은 광화유체(광물이 들어있는 물질)가 채워지면서 화석이 되는 과정이다. 일반적으로 오팔이나 규질 물질, 방해석$CaCO_3$을 포함한 지하수가 나무의 빈 공간이나 생물의 빈 공간을 메꾸면서 발생한다. 규화목이 대표적이며 식물의 수관과 같은 빈 공간이 광화유체로 채워지기가 상대적으로 쉽기 때문에 발생한다.

* 재결정화 Recrystalization

기존에 암석에 존재하던 광물이 적당한 열과 압력을 받아서 재결정되는 화석화 작용의 하나다. 주로 변성작용에서 발생한다고 알려져 있다.

* 용해와 치환 Dissolution and Replacement

우리가 화석이라고 생각하는 것들의 대부분이 몰드와 캐스트로 이루어진 것으로 몇 개의 용어를 알 필요가 있다. 첫 번째로 impression이다. impression이란 생물체가 퇴적물에 찍혀 보존된 것을 말하며, 쉽게 도장을 생각하면 된다. 다음으로 몰드는

〈그림 1-16〉 화석화 과정 사진

impression과 비슷하게 찍히는 것이지만 다음으로 설명할 캐스트를 둘러싼 껍데기라고 생각하면 된다. 캐스트는 몰드의 내부에 존재하던 생물이 용해되어 다른 광물이나 물질로 치환된 것을 말한다. 우리가 주변에서 쉽게 볼 수 있는 예시는 주형과 주물, 데칼코마니 같은 것들이 있다.

* 탄화작용 Carbonization

유기물이 존재하기 때문에 발생하는 작용으로 산소가 차단되어 탄소가 검정색을 띠게 되는 과정이다. 대표적으로 석탄이 존재하며, 나뭇잎 화석과 같은 곳에서 흔하게 찾아볼 수 있다.

고등학교 교장 선생님이 찾은 티라노사우루스, 스코티(SCOTTY)

1991년 8월 16일, 고등학교 교장 선생님이던 로버트는 캐나다 서스캐처원Saskatchewan주에 있는 강 계곡에 암반 탐사를 갔다. 암반 탐사의 성과는 기대 이상이었다. 많이 마모된 이빨과 꼬리를 포함한 척추뼈가 그를 반기고 있었기 때문이다. 하지만 발굴 작업은 3년 뒤인 1994년 6월부터 진행되었다. 발굴팀이 본격적으로 발굴을 시작하고 골격의 65%가 보존된 티라노사우루스의 발굴이 끝을 맺었다. 이것을 기념하기 위해 Scotch라는 위스키 한 병을 샀고 이 때문에 스코티라는 이름의 기원이 되었다고 한다. 스코티는 현재 발견된 티라노사우루스 중 가장 큰 티라노사우루스이며 동시에 28살로 가장 나이가 많은 티라노사우루스이기도하다. 앞에서 언

〈그림 1-17〉 티라노사우루스 스코티의 골격도

급했던 것처럼 65%가 보존되었으며 나머지 연구 결과는 스코티를 감싸고 있던 단단한 사암을 제거하고 난 뒤 연구를 진행해야 했다. 최근 단단한 사암이 제거되고 연구가 진행되어 부러진 흔적이 있는 갈비뼈, 세균 감염이 진행된 치아 등의 연구 결과가 2019년 발표되었다.

참고문헌

W. Scott Persons et al, An Older and Exceptionally Large Adult Specimen of Tyrannosaurus rex, The Anatomical Record (2019)

공룡에게 가격표를 붙이는 행위,
개인이 연구 목적인 화석을 사는 행위가 과연 옳은 일일까?

최근 개인의 수집을 목적으로 한 화석 수집이 점점 규모가 커지고 있는 것을 알 수 있다. 평균 가격이 억대를 자랑하기 때문인지 유명인들과 부자들이 화석 수집에 열을 올리고 있는 것이다(대표적으로 니콜라 스케이지와 레오나르도 디카프리오 같은 사람들이 있다). 가격대가 천차만별이기는 하지만 상대적으로 육식 공룡의 가격이 더 높으며 공룡 화석이 난치병이나 상처 등의 특이한 사항을 가지고 있으면 가격은 더욱 더 치솟는다고 한다. 앞에서 본 스코티와 같은 개체에 난 상처가 대표적인 상처의 예시다. 여기서 문제가 발생하게 된다.

일단 연구를 하는 사람들의 입장에서는 이러한 흐름이 계속되면 계속될수록 연구가 힘들어진다. 이유는 간단하다. 화석을 구매하기 어렵기 때문이다. 경매에서 구입을 하게 되면 일종의 개인 재산으로 **귀속되기 때문이다**(간단한 예시로 원래는 낮은 가격에 구매하여 연구할 수 있는 화석이 경매에 올라가면 백만장자, 억만장자들이라 불리는 이들과 돈으로 싸워야 하기 때문에 그들이 포기하지 않는 한 사실상 구매는 힘들기 때문이다).

이쯤에서 이 책을 넘기고 있는 독자에게 묻고 싶다. 화석의 거래를 금지해야 할까? 계속해야 할까? 화석에 가격표를 붙여 일종의 인테리어만으로 화석을 취급하는 것, 위대한 과거를 인간의 자본주의의 틀 안에 가둬 놓는 일이 아닐까?

생물에게 이름을 붙이는 방법

모든 생물은 고유한 이름을 갖기 때문에 우리는 생물들을 이름으로 구분할 수 있다. 하지만 우리가 사슴이라고 부르는 이름이 영어로는 deer인 것처럼 전 세계에서 쓰이는 이름은 아니다. 그래서 과학적으로 전 세계에서 공통적으로 사용할 수 있는 이름, 학명이라는 것이 필요하다. 학명은 간단하게 속명과 종명으로 이루어지며 속명은 다른 생물과 겹칠 수 있지만 종명은 절대로 겹칠 수 없으며, 한 종에 두 개의 종명이 붙는 것도 불가능하다. 또한 한번 붙은 이름이 바뀌는 것도 불가능하다(대표적인 예로 오비랍토르는 알 도둑이라는 뜻으로 발견 당시 알을 품고 있는 것을 알을 훔치는 것으로 오해받아 붙은 이름이다).

이런 학명에는 몇 가지 규칙이 존재하며 그 규칙을 간단하게 살펴보려 한다. 첫 번째로 학명은 라틴어로 지어져야 한다. 이때 라틴어로 어떤 뜻이 붙던 그건 이름을 붙이는 사람 마음이다. 또한 이런 이름은 과학 저널에 공식적으로 게재되어야 한다. 두 번째는 무조건 그 종에게 붙인 첫 번째 이름만 유효하다는 것이다(예외적인 사례로 티라노사우루스가 있다). 이런 이름이 바뀔 수 있는 경우는 같은 종이 나중에 다른 종으로 분류되었거나, 다른 두 종이 나중에 한 종으로 밝혀진 경우에 명명하는 게 가능하다. 한번 쓰인 이름은 다시 사용하는 것이 불가능하다. 이때 발음이 비슷하거나 철자가 같은 경우도 해당된다. 마지막으로 모식표본Holotype에 대한 것으로 모식표본이란 박물관에 보관되어 있는 표본으로 처음 묘사된 표본을 가리킨다. 더 나아가 Paratype이라는 것이 존재하는데 Paratype은 간단히 말해서 모식표본의 비교 대상이다. 같은 종으로 추가적인 특징을 발견하기 위한 표본이다. 또한 Neotype은 모식표본이 소실되었을 때 대체하는 표본이다(대표적으로 2차 세계대전으로 인해 소실된 스피노사우루스가 대표적이다. 원래 모식표본이었던 스피노사우루스의 표본은 전쟁으로 인해 박물관이 파괴되면서 그 안에 있던 스피노사우루스의 표본도 파괴되었다. 이런 경우가 모식표본이 소실된 경우로 후에 발견된 스피노사우루스가 Neotype이 된다).

이런 방법으로 생물은 고유의 이름을 가지게 되며, 이는 종, 속, 과, 목, 강, 문, 계의 분류체계를 따른다. 대표적으로 사람은 Homo라는 속명과 sapiens라는 종명을 가지고 글자는 모두 이탤릭체로 써야 하며, 속명의 첫 글자는 대문자, 종명은 소문자로 써야 한다.

2. 대중 매체 속의 티라노사우루스와 다른 공룡들

인간은 감각 중 특히 시각에 민감한 동물이다. 때문에 우리는 대중 매체의 영향을 상당히 많이 받는다. 그게 게임이든 영화든 말이다. 우리는 많은 생각을 하면서 이미지를 떠올린다. 흔히 상상력이 좋다고 말하는 사람은 우리가 본적이 없던 것을 떠올리는 것을 말한다. 하지만 우리는 우리가 본 것에 기반하여 많은 것을 떠올린다. 이런 점에서 생각해 본다면 우리가 생각하는 공룡은 영화를 비롯한 많은 대중 매체에서 영향을 받았다고 말할 수 있으며, 가장 대표적인 예시는 〈쥬라기 공원〉과 〈쥬라기 월드〉라고 말할 수 있을 것이다.

하지만 대부분의 대중 매체는 수익을 전제로 만들어진 매체다. 그렇기 때문에 그 과정에서 자연스레 과장과 연출이 들어가곤 한다. 연출은 그렇다고 치지만 과장은 문제가 되기 십상이다. 흔히 과장은 오류에 가까운 결과를 만들기 때문이다. 그래서 이번 챕터에서는 티라노사우루스를 비롯한 다른 공룡과 중생대에 살았던 파충류가 영화에 등장하는 동안에 만들어진 오류와 과장을 살펴보려고 한다.

인도미누스 렉스는 공룡이 아니다

우리는 먼저 가장 유명한 시리즈인 〈쥬라기 월드〉 시리즈를 살펴볼 수 있다. 〈쥬라기 월드〉에서 인도미누스 렉스는 쥬라기 월드에서 만들어낸 유전자 조작 공룡이다. 기존의 설정에서 공룡에게 부족한 유전자를 각종 생물의 다른 유전자로 채웠다고 했지만 인도미누스 렉스와는 완전히 다른 개념이다. 이전의 공룡들은 만들어진 틀에 다른 유전자를 끼워 넣는 개념이라면 인도미누스 렉스는 완전히 새로운 틀을 만들어버린 셈이다. 그 결과 인도미누스 렉스는 모든 공룡을 압도하는 지능과 파괴력을 보여 준다. 그래서 나는 인도미누스 렉스는 공룡이라기보다 인간이 만들어낸 키메라에 공룡의 틀을 씌운 드래곤에 가깝다는 생각을 했었다. 하지만 이번 챕터는 이런 것을 제외하고 인도미누스 렉스의 겉모습을 보고서 어떤 공룡일지 추측해 보려고 한다.

인도미누스 렉스의 유전자는 다음과 같은 공룡의 조합으로 이루어져 있다(영화 설정에서 언급된 내용이다).

티라노사우루스	갑오징어
기가노토사우루스	청개구리
마중가사우루스	살모사
카르노타우루스	손놀림이 섬세한 동물(알려지지 않은 생물)
루곱스	
테리지노사우루스	

인도미누스 렉스의 크기는 15.6m라고 영화에 나온다. 이런 크기는 아마도 기가노토사우루스나 티라노사우루스의 영향을 많이 받았을 것으로 생각된다. 또한 강한 치악력과 74개의 치열은 티라노사우루스의 유전자의 영향이 강하고, 인도미누스가 색을 바꿀 수 있는 위장 기술을 보유한 것은 갑오징어의 유전자일 가능성이 크다. 또한 인도미누스 렉스의 상당히 긴 앞발은 테리지노사우루스의 유전자

일러스트레이터 김민구

〈그림 2-1〉 인도미누스 렉스 일러스트

와 손놀림이 섬세한 동물의 영향이 크고, 눈 위에 나있는 돌기와 등에 나있는 골편들은 카르노타우루스와 마준가사우루스 루곱스의 특징이다. 이렇듯 인도미누스 렉스는 여러 공룡의 특징을 가지고 있기 때문에 인도미누스 렉스가 어떤 종류에 속한다고 볼 수 없었다. 아마도 인도미누스 렉스가 영화 초기 설정상 중국에서 발견된 신종 공룡 말라사우루스로 등장할 예정이라는 점을 감안하면 인도미누스 렉스는 백악기 중국에 살았던 타르보사우루스를 능가하는 신종 수각류였을 것이라고 추측해 볼 수 있다(개인적인 의견으로 인도미누스 렉스가 공룡이 아니라는 것은 변함이 없다).

〈쥬라기 월드〉에서 등장한 모사사우루스는 너무 크다

모사사우루스는 중생대 백악기 후기에 존재했던 거대한 해양 파충류다. 여기서 거대한 것은 크기가 최대 17m인 것을 말한다. 하지만 영화에서 모사사우루스의 크기는 족히 40m가 넘는 거대한 크기로 등장한다. 때문에 많은 사람이 영화 속 모사사우루스를 보고 실제 모사사우루스를 볼 수 있는 지질 박물관이나 안면도 쥬라기 박물관 같은 곳에 가서 실제 크기를 보게 되면 실망할 수밖에 없다. 영화 속 모사사우루스는 영화의 재미를 위하여 그 크기를 과장한 경우로 챕터를 시작하며 언급한 과장의 또 다른 예시라고 볼 수 있다.

모사사우루스에 대해서 살펴보자. 모사사우루스는 1770년 네덜란드 뫼즈강 근처 탄광의 갱도에서 돌을 자르던 광부들에 의해서 발견

〈그림 2-2〉 모사사우루스 골격 사진　　　　　안면도 쥐라기 박물관

된 파충류다. 발견된 화석은 호프만이라는 화석 수집가이자 의사인 사람의 집으로 옮겨졌다. 하지만 곧 고딘이라는 사람이 발견된 화석이 자신의 땅이라는 이유로 소송을 걸었고 호프만은 고딘에게 화석의 소유권을 빼앗기고 만다. 이후에 1794년 프랑스에 의해 네덜란드가 침공을 받았고 고딘은 모사사우루스 화석을 옮겨 놓게 된다. 하지만 프랑스군에게 모사사우루스의 화석을 빼앗기고 프랑스로 가게 된 모사사우루스의 화석은 고생물학의 시초인 조르주 퀴비에라는 고생물학자에게 가게 되면서 모사사우루스라는 이름을 갖게 된다.

티라노사우루스의 울음소리는 티라노사우루스의 것이 아니다

〈쥬라기 공원〉 시리즈에서 티라노사우루스의 울음소리는 사실 티라노사우루스의 것이 아니다. 티라노사우루스가 포효할 때 내는 소리는 아기 코끼리의 울음소리와 호랑이 소리와 악어 소리 등 여러 동물의 소리를 합해서 만들어낸 소리다. 즉, 공룡의 울음소리가 아니라 현재 존재하는 동물들의 울음소리들로 만들어낸 소리다. 또한 티라노사우루스의 숨소리는 고래가 숨구멍으로 내뿜는 소리를 가지고 만들어낸 소리다. 벨로시랩터의 울음소리는 돌고래의 소리와 바다코끼리의 소리와 거위 소리, 아프리카 학의 소리와 거북이 소리를 사용했다. 그렇다면 티라노사우루스는 어떻게 울었을까?

일단 공룡은 성대라는 기관이 없었을 것으로 추정되기 때문에 포유류가 내는 포효를 할 수는 없었을 것이다. 또한 공룡의 근육을 정확하게 알 수 없기 때문에 정확한 소리는 알 수 없다. 그래서 우리는 조류의 기관을 가지고 추측해 볼 수 있을 것이다. 조류는 포유류와 다른 기관인 명관 구조를 가지고 있지만 이마저도 원시적인 새들에게서는 찾아 볼 수 없는 구조이다. 그래서 원시적인 새들이 내는 소리를 가지고 추측해 보자면 티라노사우루스와 같은 공룡들은 둥둥거리는 북치는 소리를 냈을 가능성도 존재한다. 재미있는 것은 티라노사우루스가 갈리미무스를 잡아먹을 때 내는 소리는 스티븐 스필버그가 자신의 개가 개 껌을 먹는 소리를 녹음하고 변형한 소리이다.

일러스트레이터 김민구

〈그림 2-3〉 타르보사우루스 일러스트

〈그림 2-4〉 벨로시랩터 사냥 장면　　고성공룡박물관

〈그림 2-5〉 벨로시랩터 사냥 화석 · 서대문 자연사 박물관

사실 벨로시랩터는 없었다

〈쥬라기 공원〉 시리즈에 단골처럼 등장하는 공룡, 벨로시랩터가 사실은 벨로시랩터가 아니다. 벨로시랩터는 영화에서 가장 똑똑한 공룡으로 집단으로 사냥하는 중형 수각류로 묘사된다. 하지만 실제로 벨로시랩터는 몸길이 1m의 소형 수각류로 몸에 깃털을 가지고 있는 것으로 추정되는 공룡이다. 이런 모습과 다르게 영화에서 등장하는 벨로시랩터는 사람의 키를 넘는 크기를 가지고 있고 피부는 깃털이 아니라 비늘로 덮여 있다. 즉 영화에서 등장하는 공룡은 벨로시랩터가 아닌 다른 공룡이라는 말이다. 당시 영화감독인 스티븐 스필버그는 앞에서 언급했던 모사사우루스처럼 크기를 키운 것이다. 우리는 이제 영화 속 벨로시랩터와 닮은 공룡을 찾아보려고 한다. 영

<그림 2-6> 드로마에오사우루스 사냥 장면

지질박물관

화에 나오는 벨로시랩터는 몸길이는 4m, 높이는 2m인 공룡이다.
깃털이 있다는 것을 제외하고 크기만을 이용해서 살펴보면 생김새
가 닮은 데이노니쿠스는 크기가 작기 때문에 후보에서 제외된다. 남
은 후보는 유타랩터와 다코타랩터로 다코타랩터부터 살펴보자. 다
코타랩터는 몸길이 5m의 긴 몸길이를 가지고 있으며 백악기 후
기 북아메리카에 살았던 공룡이다. 다음으로 유타랩터 역시 몸길이
6m, 높이 2m로 영화 속 벨로시랩터와 유사한 크기를 하고 있다. 이
두 공룡이 영화 속 벨로시랩터와 닮은 생김새를 하고 있다. 하지만
영화 속 벨로시랩터는 깃털을 가지고 있지 않기 때문에 가상의 공룡
이라고 봐야 할 것이다.

<그림 2-7> 데이노니쿠스 발 사진 국립중앙과학관

〈쥬라기 공원〉의 공룡들에게는 두 가지 기술이 적용되어 있다

영화의 감독인 스티븐 스필버그는 원래 〈쥬라기 공원〉의 티라노사우루스를 비롯한 공룡들을 스톱모션으로 만들려고 했다고 한다. 하지만 이런 감독의 생각은 CG로 공룡을 구현한 시뮬레이션 영상을 보고 완전히 바뀌게 된다. CG로 구현한 영상에서는 스톱모션의 어색함을 하나도 찾아볼 수 없었기 때문이다. 또한 이런 CG에 사실감을 가미하기 위해서 모든 것을 CG로 제작하지 않고 애니메트로닉스라는 기술을 사용했다고 한다(애니메트로닉스는 애니메이션과 일렉트로닉스를 합친 단어다. 제작된 로봇에 실제 같은 질감을 입히고 원격으로 조종하는 방법이다). 〈쥬라기 공원〉에는 이런 다양한 로봇들이 사용되었는데 대표적으로 트리케라톱스와 티라노사우루스가 있다(빗속에서 촬영할 때 로봇의 고장을 방지하기 위해 계속해서 로봇의 물을 닦아 주었다고 한다). 특히 트리케라톱스는 머리부터 꼬리 끝까지 로봇으로 제작된 것으로 유명하다. 스티븐 스필버그는 이런 기술을 이용하여 〈쥬라기 공원〉에 등장하는 공룡에 숨결을 불어 넣었다.

한국에서 티라노사우루스를 발견할 수 있을까?

1장을 마치면서 흥미로운 이야기를 해보려고 한다. EBS에서 〈한반도의 공룡〉이 방영되고 이어서 극장판 〈한반도의 공룡〉이 상영되면서 많은 어린이들에게 재미있는 공룡 이야기를 전달할 수 있었다. 하지만 몇 가지 오해를 가져오기도 했다. 그 오해들 중 하나가 타르보사우루스와 티라노사우루스를 우리나라에서 발견할 수 있다는 것이다. 하지만 티라노사우루스는 영화와는 다르게 백악기 말 북아메리카 대륙에서만 살았던 공룡으로 아시아에서는 발견된 적이 없는 공룡이다. 또한 타르보사우루스는 아직까지 몽골 고비사막에서 발견된 사례만 있을 뿐 대한민국에서는 발견된 사례가 없기 때문에 〈한반도의 공룡〉에 나왔던 공룡이 모두 한반도에서 발견된 적이 있던 것은 아니다.

1장에서는 티라노사우루스가 많은 사람들에 의해서 발굴된 이야기를 다루면서 유명한 표본도 살펴보았다. 2장에서는 이렇게 발견된 티라노사우루스가 과연 우리가 자주 접하고 있는 대중 매체에서 어떤 모습으로 다루어지는지 살펴보려 한다.

점박이 한반도의 공룡

〈점박이 한반도의 공룡〉은 EBS가 만들어낸 한국의 공룡 영화로 2012년에 개봉하면서 어린이들에게 많은 인기를 끌었는데, 타르보사우루스와 티라노사우루스가 등장한다. 여기서 문제가 생기게 되는데 대부분의 어린이들이 타르보사우루스를 티라노사우루스로 착각하고 있다는 것이다(주인공인 점박이를 티라노사우루스로 착각하고 있다). 여기서 우리는 가장 기본적으로 공룡의 서식지부터 생각해 볼 수 있다. 타르보사우루스는 동아시아지역(특히 몽골)에서 살았던 공룡인 반면에 티라노사우루스는 북아메리카에서 살았던 공룡으로 서식지가 다르기 때문에 영화 속 장면과 같이 티라노사우루스와 타르보사우

〈그림 2-8〉 타르보사우루스 티라노사우루스 두개골 비교 안면도 쥐라기 박물관

루스가 싸우는 장면을 볼 수는 없었을 것이다(티라노사우루스와 타르보사우루스는 다르다).

티라노사우루스와 타르보사우루스는 비슷한 모습을 가지고 있다. 그래서 그랬던 걸까. 타르보사우루스가 처음 몽골의 사막에서 발견되었을 때 티라노사우루스로 분류된 적이 있었다. 하지만 티라노사우루스와 타르보사우루스의 차이는 분명히 존재한다. 그중 몇 가지를 살펴보자.

먼저 티라노사우루스와 타르보사우루스는 크기부터 다르다. 티라노사우루스의 크기는 약 13m인 반면에 타르보사우루스는 이보다 조금 작은 12m 정도의 크기를 갖고 있다. 앞발의 크기 또한 다르다. 티라노사우루스의 앞발보다 타르보사우루스의 앞발이 조금 더 짧다. 다른 차이는 머리뼈(두개골)에서도 나타난다. 티라노사우루스의 두개골 형태는 타르보사우루스의 두개골에 비해 두껍고 주둥이가 짧은 반면에 타르보사우루스의 주둥이는 길고 얇은 형태를 보이고 있다. 이런 형태는 티라노사우루스의 시력이 더 좋았다는 것을 말해 주기도 한다(티라노사우루스의 두 눈이 타르보사우루스에 비해 앞으로 향하고 있기 때문에 티라노사우루스가 더 좋은 시력을 가졌다는 것을 이야기한다). 이빨의 크기에서도 약간의 차이를 보이는데 티라노사우루스의 이빨이 더 크고 굵은 형태를 띠고 있다. 또한 옆에서 바라본 코뼈에서도 차이를 보이고 있는데 티라노사우루스의 코뼈의 경사가 타르보사우루스에 비해 조금 더 급격하게 올라간다.

이처럼 티라노사우루스와 타르보사우루스는 사는 곳도 생긴 것도 다른 공룡이다. 그렇기 때문에 〈점박이 한반도의 공룡〉을 보는 사람은 점박이가 타르보사우루스임을 잊지 말아야한다(제목이 한반도의 공룡이지만 실제로 타르보사우루스가 한반도에 살았다는 증거는 없다).

둘리는 티라노사우루스일까?

〈아기공룡 둘리〉는 한국의 대표적인 공룡 애니메이션으로, 대부분의 사람들은 둘리를 알고 있을 것이다. 하지만 둘리가 어떤 공룡인지 깊게 생각해본 사람은 별로 없을 것이다. 그래서 둘리가 어떤 공룡인지 한번 살펴보고자 한다.

먼저 둘리가 티라노사우루스인지에 대해서 생각해 보자. 티라노사우루스는 두 개의 손가락을 가지고 있는, 몸길이 약 12m의 대형 수각류이다. 하지만 둘리는 아성체이기 때문에 몸길이에 대한 데이터는 그다지 많은 도움이 되지 않을 것 같으니 몸길이에 대한 비교는 넘어가도록 하자. 둘리는 코에 하얀 뿔을 가지고 있으며 손가락은 4개이다. 하지만 티라노사우루스는 코에 뿔을 가지고 있지 않으며 손가락은 2개이다. 이처럼 둘리와 티라노사우루스는 외형이 일치하지 않기 때문에, 둘리는 티라노사우루스가 아니라고 할 수 있다.

그렇다면 둘리는 무슨 공룡일까? 둘리의 뿔은 중형 육식 공룡 케라토사우루스와 닮았는데, 케라토사우루스의 손가락 또한 4개이다. 케라토사우루스는 쥐라기 후기에 살았던 육식 공룡으로 뿔이 있는 도마뱀이라는 뜻이다. 몸길이는 6m로 티라노사우루스의 절반 크기밖에 되지 않는다. 티라노사우루스는 백악기에 살았고 케라토사우루스는 쥐라기에 살았다. 때문에 둘리는 티라노사우루스가 아닌 케라토사우루스일 것이라고 추측할 수 있다.

3. 티라노사우루스의 족보

인간은 처음 만든 것과 한정판을 참 좋아한다. 그게 신발이든 옷이든 말이다(물론 나도 한정판을 참 좋아한다. 요즘은 신발을 모으는 게 그렇게 재미있다). 그중에서도 단연 처음 만든 것은 그 존재만으로도 의미 있는 물건으로 비싼 값에 팔리곤 한다. 때문에 모든 것은 모두 나름의 족보가 존재하기 마련이며 티라노사우루스 또한 기나긴 족보가 존재한다.

'로마 제국이 하루아침에 만들어지지 않았다'라는 말과 같이 티라노사우루스는 북아메리카의 포식자가 되기 위해 그 조상 시절부터 엄청난 시간을 투자해왔다. 물론 투자라는 표현은 자신이 의도한다는 의미가 담겨 있기 때문에 진화의 관점에서는 그 의미가 맞지 않을 수도 있다. 생물이 진화의 방향을 임의로 조정할 수 없기 때문이다. 하지만 그 의미가 무엇이든 간에 티라노사우루스까지의 진화 과정에서 엄청난 시간이 든 것은 명백한 사실이다.

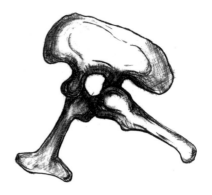

<그림 3-1> 용반목 조반목 스케치

먼저 티라노사우루스의 진화를 살펴보기 전에 공룡의 분류법에 대하여 살펴보고 넘어가기로 하자.

공룡은 먼저 크게 두 분류로 나눌 수 있다. 종-속-과-목-강-문-계에서 목 단계부터 나누는 것으로 골반의 모양을 통해 목을 두 종류로 분류한다. 첫 번째 목은 용반목으로 용반목의 골반은 도마뱀을 닮았다.

이 용반목은 다시 수각류Theropoda와 용각류Sauropodomorpha로 나눌 수 있다. 이때 수각류는 대부분 두 발로 걷는 육식 공룡이 속하는 분류로 날카로운 이빨과 육식성을 가지고 있으며 발은 새와 비슷했다. 대표적으로 티라노사우루스가 여기에 속하지만 이 얘기는 조금 더 뒤에서 하도록 하겠다. 다음으로 용각류는 주로 기다란 목을 가진 브라키오사우루스같은 공룡을 가리키는 분류다(여기서 정말 재미있는 것은 한 조상에서 갈라진 두 분류가 한쪽은 주로 육식 공룡을 포함하고 있고 다른 한 쪽은 주로 초식 공룡을 포함하고 있다는 것이다).

두 번째 목은 조반목이다. 조반목의 골반은 새를 닮은 형태로 용반목과는 전혀 다른 형태의 골반을 보여 주고 있다. 그런데, 용반목이 2종류로 분류된 것과 다르게 조반목은 5종류로 분류한다(조각류, 검룡류, 곡공류, 후두류, 각룡류).

간단하게 공룡을 크게 두 종류로 분류하는 법을 살펴보았다. 여기서 우리는 티라노사우루스의 조상을 살펴보기 위해 용반목 중에서도 수각류의 분류를 더 깊게 들어가 보겠다.

수각류는 다시 카르노사우루스와 코엘루로사우리아로 나눌 수 있다. 여기서 티라노사우루스는 코엘루로사우리아에 속하는데, 티라노사우루스의 조상 중 몇몇을 알아보자.

먼저 딜롱이다. 딜롱은 1992년에 익시안 층에서 발견된 공룡으로 지금까지 총 4개의 화석이 발견되었다. 딜롱의 외형은 기다란 팔에 세 개의 앞 발가락, 유연한 관절에 쭉 뻗은 다리, 심지어 군데군데 깃털의 흔적까지 있었으며 그 크기도 1.5m밖에 되지 않은 아주 원시적인 수각류로 깃털의 존재가 처음으로 확인된 공룡이다. 이런 작은 공룡이 후에 티라노사우루스의 밑바탕이 되리라고는 아무도 생각하지 못했을 것이다. 티라노사우루스와 관련이 있는 공룡들은 이빨을 잘랐을 때, 단면이 D자의 형태를 띠고 있다. 그런데 딜롱에게 이런 특징이 나타난 것이다. 이뿐만이 아니었다. 두개골 앞부분에서도 티라노사우루스와 유사한 모습을 보이고 있었다.

딜롱의 발견 이후 2005년, 1년 만에 다시 중국에서 또 다른 티라노사우루스와 관련이 있는 육식 공룡 한 마리를 더 발표한다. 그 공룡의 이름은 구안롱인데, 머리에 왕관을 쓴 것과 비슷하다고 해서 구안롱이라는 이름이 붙었다. 구안롱은 신장 위구르 자치구에서 발견된 공룡으로 두 개의 화석이 발견되었다. 크기는 딜롱보다 조금 더 큰 3m 정도 되는 몸길이에 티라노사우루스과의 특징을 띠고 있는 것으로 알려졌다. 딜롱은 백악기 전기에 살았던 공룡으로 티라노사우루스와 약 7천만 년 정도의 차이를 보인다.

일러스트레이터 김민구

〈그림 3-2〉 딜롱 일러스트

그에 반해 구안롱은 쥐라기 후기로 티라노사우루스의 역사가 최소한 쥐라기부터 시작되고 있었음을 말해 주고 있다. 이러한 증거는 북아메리카의 티라노사우루스가 아시아의 수각류에서 기원했음을 지지한다. 하지만 우리가 흔히 상상하는 티라노사우루스의 모습처럼 그 조상들이 아시아 대륙을 장악하는 그런 모습은 없었을 것이다. 코엘루로사우리아에 속하는 수각류들은 이미 카르노사우리아와 같은 수각류(알로사우루스와 기가노토사우루스 같은 공룡들이 이 분류에 속한다)에 비해 크기가 너무나 작았기 때문에 상대가 되지 않았다(라이트급이 헤비급에게 덤비는 것처럼 체급을 무시하고 덤비는 것만큼 어리석은 짓도 없을 것이다).

티라노사우루스의 조상들이 속한 코엘루로사우리아 수각류들이 빛을 보게 된 것은 카르노사우리아 수각류의 몰락이었다. 대륙이 갈라지고 지형이 바뀌며 대형 용각류들이 사라지기 시작하고 백악기로 들어오면서 대형 용각류를 먹이로 삼았던 카르노사우리아 수각류는 몰락하게 된다. 그리고 백악기로 들어오면서 천천히 덩치를 키우고 있던 티라노사우루스과 공룡들이 최상위 포식자를 차지하게 되었다. 시간이 점점 지나면서 백악기 후기에 티라노사우루스가 등장하였고 아시아에서는 타르보사우루스와 주청티라노사우루스 같은 포식자들이 활보하기 시작했다. 이들은 이미 10m가 거뜬히 넘어가는 거대한 포식자였으며 아시아의 티라노사우루스라고 불러도 될 정도로 손색이 없을 만한 위엄을 보이고 있었다. 후에 다른 장에서 다루겠지만 자연은 최상위 포식자로 활동하는 것에 제약을 걸어 두는 것일까? 갑작스러운 운석 충돌로 인해 다른 공룡들과 함께 티라노사우루스과 공룡들도 몰락의 길을 걷게 된다.

티라노사우루스의 친척들
(티라노사우루스과 이야기)

티라노사우루스는 지금까지 인간에게 가장 많은 관심을 받는 공룡일 것이다. 그래서일까 분류상 가까운 공룡이나 혹은 비슷한 생김새를 가진 공룡들도 티라노사우루스 못지 않은 관심을 받아왔다. 그래서 이번에는 유명한 티라노사우루스과들 중 몇몇을 소개해 보겠다.

렙토렉스는 타르보사우루스인가

렙토렉스는 많이 알려지지 않은 공룡으로 티라노사우루스과로 분류된다. 아직까지 적은 수의 표본만 알려져 있다. 또한 렙토렉스는 아직 논란이 남아 있어 분류가 언제든지 바뀔 수 있는 공룡이다. 렙토렉스에 대해서 알아보자.

렙토렉스의 신체 비율은 티라노사우루스과 공룡의 비율과 동일하다. 앞발은 두 개의 손가락을 가지고 있으며 비교적 크고 견고한 두개골과 긴 다리를 가지고 있다. 렙토렉스의 표본은 몸길이가 3m로 작은 크기를 보이며 성체의 표본이 아니라 3살짜리 표본으로 보인다고 알려져 있다. 이런 렙토렉스의 존재가 세상에 알려진 것은 화석지가 아닌 일본의 한 도시에서였다. 렙토렉스는 도쿄에 있는 사업가가 몽골의 화석 판매상에게서 구매한 뒤 미국 애리조나에서 거래된 후 다시 판매되었으며 화석을 구매한 안과의사 Kriegstein은 고

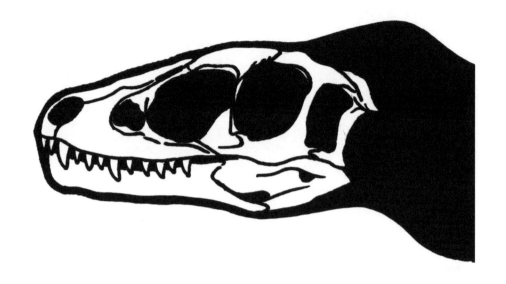

〈그림 3-3〉 렙토렉스 골격도

생물학자 폴 세레노에게 이 표본의 존재를 알렸다. 아마도 렙토렉스가 도쿄에서 거래되고 있었던 것은 몽골에서 밀수된 표본일 것이라고 추측하고 있으며 현재는 몽골로 돌아갔다.

고생물학자인 폴 세레노의 설명에 따르면 폴 세레노는 렙토렉스의 표본은 6살된 티라노사우루스라고 해석했다. 하지만 2010년 렙토렉스의 해석에 대해서 블랙힐 연구소 피터 라슨은 렙토렉스의 표본은 타르보사우루스의 아성체로 결론지었다. 이것은 피터 라슨이 렙토렉스의 출처가 불분명한 것을 기반으로 이루어진 해석으로 렙토렉스의 화석은 몽골 지층에서 나온 타르보사우루스라고 해석했다. 2011년 6월 피터 라슨과 덴버 파울러가 연구한 렙토렉스의 연구 결과가 발표되고 연구 결과는 표본의 나이가 과대평가되었다고 해석했다. 이전의 연구에서 렙토렉스의 표본은 6살로 추정되었지만 실제로 렙토렉스의 표본은 뼈에서 나타나는 특징을 기반으로 렙토렉스의 나이는 3살밖에 되지 않는다고 주장했다. 또한 이전의 근거들을 반박하며 렙토렉스는 타르보사우루스일 가능성이 상당히 높다고 해석했고 같이 발견된 물고기의 척추는 쓸모가 없다고 해석했다. 또한 분류에 대해서 추가적인 연구가 필요함을 강조했다.

참고문헌

Fowler DW, Woodward HN, Freedman EA, Larson PL, Horner JR (2011) Reanalysis of "Raptorex kriegsteini" : A Juvenile Tyrannosaurid Dinosaur from Mongolia. PLoS ONE 6(6) : e21376. https://doi.org/10.1371/journal.pone.0021376

Sereno, P. C., Tan, L., Brusatte, S. L., Kriegstein, H. J., Zhao, X., & Cloward, K. (2009). Tyrannosaurid Skeletal Design First Evolved at Small Body Size. Science, 326(5951), 418–422. doi:10.1126/science.1177428

알베르토사우루스는 티라노사우루스가 아니다

알베르토사우루스는 대표적인 티라노사우루스과 육식 공룡으로 알려진 공룡이다. 캐나다에 살았던 공룡으로 몸길이는 9m로 티라노사우루스가 12m인 것을 감안하면 티라노사우루스만큼 큰 육식 공룡은 아니지만 캐나다 지역의 최상위 포식자였을 것이다.

<그림 3-4> 알베르토사우루스 복원도

알베르토사우루스는 티라노사우루스과 공룡답게 대표적인 티라노사우루스과 공룡의 특징인 S자 형태의 목을 가지고 있으며 두개골은 1m로 작지 않은 크기를 가지고 있으며 이빨 모양 또한 D자 형태를 띠고 있다. 특이한 점은 알베르토사우루스의 눈 윗부분에는 볏이 존재한다는 것이다. 이러한 볏의 용도는 정확히 밝혀진 바가 없다.

알베르토사우루스는 1884년 뜨거운 여름 캐나다 앨버타주에 위치한 레드디어강의 호스 슈 협곡 층에서 발견되었다. 이 발견은 조셉 버티렐이라는 지질학자에 의해서 조성된 캐나다 지질조사팀에 의해서 이루어졌다. 그 후 알베르토사우루스와 관련된 많은 사건이 있었지만 건너뛰고 1910년 8월 11일, 고생물학자 바넘 브라운은 레드디어강 옆에 위치한 채석장에서 또다른 알베르토사우루스의 표본을 발견한다. 하지만 너무나 많은 표본 때문에 모든 알베르토사우루스 화석을 가져오지는 못했다고 알려져 있다. 이후에도 많은 화석들이 발견되면서 알베르토사우루스에 대한 고생물학적, 행동학적 연구 등 많은 연구가 진행되었다.

리트로낙스는 귀여운 육식 공룡

중생대 백악기 후기, 약 8800만 년 전 리트로낙스라는 몸길이 8m의 중형 수각류가 북아메리카 대륙을 활보한다. 이는 티라노사우루스과 공룡 중에서도 가장 오래된 공룡이었다.

티라노사우루스보다 5m 정도 작은 몸을 가지고 있는 리트로낙스는 전형적인 티라노사우루스과 공룡으로 두 눈이 앞을 향하고 있어서 뛰어난 양안 시각을 가지고 있었을 것이다. 이러한 특징은 티라노사우루스와 비슷하다. 또한 상악골의 앞쪽 치아 5개가 뒤쪽 치아 6개보다 크다는 특징도 가지고 있다. 리트로낙스의 특이한 점은 다른 티라노사우루스과 공룡처럼 북부지역에서 발견되지 않고 남부지역인 유타주에서 발견됐다는 것이다. 또한 리트로낙스는 티라노사우루스과 공룡들이 북아메리카에서 기원되었다는 것을 증명해 주는 공룡임과 동시에 아시아에서 베링육교를 통해서 티라노사우루스과 공룡들이 북아메리카대륙으로 넘어왔을 것이라는 가설을 부정하는 발견으로 티라노사우루스의 역사에 중요한 역할을 하게된다.

주청티라누스는 중국에서 가장 큰 티라노사우루스과

주청티라누스는 중국 산둥성에 살았던 큰 육식 공룡이다. 몸길이가 10~12m로 거의 티라노사우루스와 비슷하지만 약간 작은 크기를 가지고 있다. 현재까지 알려진 주청티라누스의 표본은 주청(중국의 도시)에 위치한 채석장에서 발견된 아래턱뼈의 일부와 위턱뼈 일부만이 알려져 있다. 때문에 아직 정확한 크기가 알려져 있지 않으며 앞에서 언급한 크기는 추정된 크기이다. 만약 저 크기가 사실이라면 현재까지 아시아에서 가장 크다고 알려진 타르보사우루스보다 더 큰 크기를 가진 육식 공룡인 것이다. 또한 주청티라누스를 발견한 신거장辛格庄 층Xingezhuang Formation에서는 하드로사우루스류에 속하는 초식 공룡과 시노케라톱스, 안킬로사우루스류도 같이 발견되었다. 아마도 주청티라누스는 이러한 초식 공룡들과 함께 서식했던 것으로 생각되며 최상위 포식자 자리에 있었을 것이다.

참고문헌

Hone, D. W. E., Wang, K., Sullivan, C., Zhao, X., Chen, S., Li, D., ... Xu, X. (2011). A new, large tyrannosaurine theropod from the Upper Cretaceous of China. Cretaceous Research, 32(4), 495-503. doi:10.1016/ j.cretres.2011.03.005

〈그림 3-6〉 첸저우사우루스 골격도

첸저우사우루스는 긴 주둥이를 가진 티라노사우루스과

첸저우사우루스는 2014년 5월에 발표된 공룡으로 중국에서 살았던 티라노사우루스과 공룡이다. 몸길이는 6m로 다른 티라노사우루스과 수각류에 비해 작은 편이며, 첸저우사우루스의 주둥이 부분이 길어 피노키오렉스라는 별명도 붙게 되었다. 첸저우사우루스는 간저우(중국 지역)의 건설현장에서 일하는 사람들에 의해서 발견되었다. 발견된 화석은 미추와 경추, 견갑골, 다리뼈, 두개골이다. 특히 두개골의 보존율이 좋았다고 발표되었다. 발견 당시 첸저우사우루스가 아성체가 아니냐는 의견이 있었지만 연구를 통해 첸저우사우루스의 화석이 성체화석인 것이 밝혀졌다. 또한 티라노사우루스과 공룡들이 동그랗고 뭉툭한 느낌의 두개골을 가진 반면에 첸저우사우루스는 길고 가느다란 느낌의 주둥이를 가지고 있는 것이 특징이다.

참고문헌

Lu, J., Yi, L., Brusatte, S. et al. A new clade of Asian Late Cretaceous long-snouted tyrannosaurids. Nat Commun 5, 3788 (2014). https://doi.org/10.1038/ncomms4788

4. 머리가 커서 슬픈 짐승

티라노사우루스는 앞에서 본 것처럼 참 많은 모습으로 많은 매체에 등장했다. 때문에 많은 오해가 생기기도 하였고 그 모습에 왜곡이 생기기도 하였다. 그래서 이번 장에서는 티라노사우루스의 커다란 머리 부분에 대해 알아보고자 한다.

일단 티라노사우루스의 머리는 1.5m 정도로 굉장히 큰 머리를 가지고 있다. 그 머리에는 커다란 눈과 이빨 그리고 강력한 턱이라는 무기를 지니고 있다. 먼저 커다란 눈에 대해 살펴보자.

1993년 영화 〈쥬라기 공원〉에서는 티라노사우루스가 탈출하는 장면에서 움직이지 않으면 사람을 보지 못한다는 말로 티라노사우루스가 바로 앞에 있는 데도 움직이지 않고 버티자 움직이는 사람만 골라서 잡아먹는(지금 생각하면 상당히 황당한) 장면이 등장한다. 정말 티라노사우루스는 앞을 보지 못했을까?

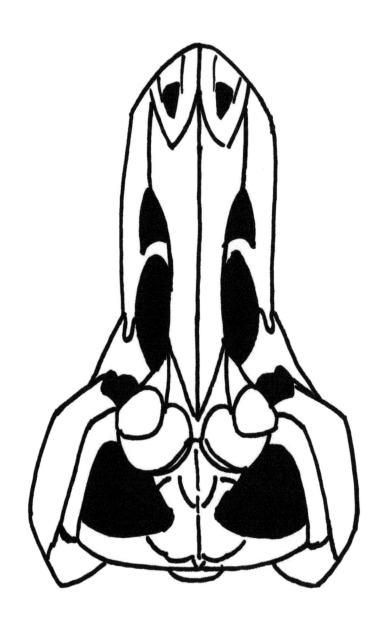

<그림 4-1> 티라노사우루스 두개골 위에서 본 스케치

이를 알아보기 위해서 우리는 티라노사우루스의 두개골을 위에서 바라볼 필요가 있다.

입체 지각, 말 그대로 사물을 입체적으로 보는 능력이다. 주변 정보를 통해 사물과 나의 거리를 파악하는 것으로 이는 시야각과 밀접한 관련이 있다. 눈은 두 개의 눈이 볼 수 있는 각도가 겹치면 겹칠수록 조금 더 정확하게 볼 수 있다고 알려져 있다. 때문에 사람은 두 눈이 앞(두 눈이 볼 수 있는 각도가)을 향해 있기 때문에 정확한 지각이 가능하다. 그렇다면 티라노사우루스의 시야각은 어떻게 될까? 티라노사우루스의 시야각은 55도 정도로 다른 육식 공룡들이 약 20도 정도 밖에 되지 않았다는 점을 감안한다면 엄청난 시야각을 가지고 있다. 다른 육식 공룡의 두개골을 위에서 보면 두개골이 길고 납작하여 눈이 양옆을 향해 있는 것을 확인할 수 있는데, 이에 반해 티라노사우루스의 두개골은 넓고 두 눈이 앞을 향해 있는 것을 확인할 수 있다.

티라노사우루스에 대해서 조금 다른 측면으로 접근해 보면 과연 티라노사우루스가 시체 청소부였을지, 아니면 사냥꾼이었을지에 대한 이야기를 해볼 수 있겠다.

1917년, 티라노사우루스가 사냥꾼이 아니었을 거라고 생각한 사람이 있었다. 바로 로랜스 램이라는 학자였다. 로랜스 램이 근거로 든 것은 고르고사우루스라는 티라노사우루스의 친척으로 로랜스 램의 주장은 다음과 같았다.

"고르고사우루스의 이빨은 많이 닳지 않았기 때문에 사냥꾼이 아니었을 것이다. 따라서 그 사촌인 티라노사우루스도 사냥꾼이 아니었을 것이다."

이빨을 많이 쓰지 않았으니 많이 안 닳았을 것이다.라는 의견이었다.

하지만 육식 공룡은 이빨을 자주 갈았기 때문에 주장의 전제 자체가 의심되는 상황에서 사람들의 주목을 받지 못했다. 한동안 시체 청소부라는 의견이 주목받지 못하였으나 이런 이야기를 다시 수면 위로 끌어올린 것은 유명한 고생물학자 잭 호너였다. 잭 호너는 한 가지 근거가 아닌 다섯 가지 근거를 바탕으로 시체 청소부라고 주장했다.

   1. 티라노사우루스의 앞발은 짧다.
   2. 티라노사우루스는 후각이 발달했다. 후각이 발달한 동물들은 시체 청소부들이다.
   3. 티라노사우루스의 굵은 이빨과 강한 턱은 사냥이 아닌 뼈를 씹기 위한 것이다(대표적인 예시로 하이에나가 있다).
   4. 티라노사우루스는 눈이 작다.
   5. 티라노사우루스는 느리다.

이런 주장을 통해 잭 호너는 티라노사우루스를 시체 청소부라 주장하였다. 하지만 이런 주장에 반박하기 위해 토마스 홀츠 박사가 팔을 걷어붙였다.

고생물학자 토마스 홀츠 박사는 티라노사우루스가 시체 청소부라는

<그림 4-2> 티라노사우루스 앞발 사진   지질박물관

것에 문제가 있다고 생각했다. 그래서 잭 호너 박사의 주장에 하나
하나 반박을 시작했다.

1. 티라노사우루스의 앞발이 짧은 것은 안 쓰기 때문에 퇴화된 것이다(몸의
   균형을 맞추기 위해 머리가 커지고 앞발이 작아진 진화의 사례라는 것이다).
2. 시체 청소부만 후각이 발달한 것은 아니다. 사냥꾼의 후각 역시 뛰어나다.
3. 시체 청소부라고 알려진 하이에나 역시 턱 힘이 강하지만 죽은 고기는 하
   이에나가 먹는 음식의 극히 일부에 불과하다.
4. 티라노사우루스의 눈은 작은 크기가 아니다(현생동물들과 비교 결과).
5. 티라노사우루스는 뛰지 못했다. 넓은 보폭으로 빨리 걸었다.

이렇게 토마스 홀츠의 반박으로 티라노사우루스의 정체성을 둘러싼 논란은 지금까지도 공룡 마니아와 고생물학자들에게 인기 있는 이야기 거리로 오르내리고 있다. 그러던 2012년 『Proceedings of the National Academy of Sciences』에 「티라노사우루스가 사냥꾼인 증거Physical evidence of predatory behavior in Tyrannosaurus rex」라는 제목으로 켄자스대학의 데이비드 번햄이라는 고생물학자가 연구 결과를 게시한다. 데이비드 번햄은 사냥꾼이었다는 증거로 죽다 살아난 하드로사우루스(초식 공룡) 한 마리를 소개한다. 하드로사우루스의 꼬리에는 상처가 남아 있는데 이게 바로 티라노사우루스 종류에게 물렸다 아문 흔적이라는 것이다. 아직도 이 논쟁은 끝나지 않았다. 이 책을 읽는 독자들의 생각은 어떨까? 개인적인 바람으로는 사냥하며 포효하는 티라노사우루스의 모습이 더 좋기 때문에 사냥꾼이기를 바란다.

〈그림 4-3〉 티라노사우루스 사냥 스케치

<그림 4-4> 티라노사우루스 턱뼈 사진　지질박물관

티라노사우루스의 눈에 대해 알아보았으니 이제 티라노사우루스의 이빨에 대해 살펴보자. 이빨이라고 하면 보통 어떤 생각을 할까? 날카롭고 뾰족하다는 생각을 많이 한다. 하지만 티라노사우루스의 머리에서 이빨을 분리하여 따로 본다면 날카롭다? 뾰족하다?라는 생각은 잘 들지 않으며 뭉툭하다, 크다,라는 생각만 머릿속을 가득 채운다.

티라노사우루스의 이빨을 더 잘 이해하기 위해 비유해 보자면 티라노사우루스의 이빨은 엄청 커다란 송곳이나 전기톱처럼 뼈에 손상을 가할 수 있는 이빨이다. 반면에 카르카로돈토사우루스나 기가노토사우루스의 이빨은 칼처럼 고기만 베어 먹을 수 있는 이빨이다. 그렇다면 이런 이빨과 큰 턱이 낼 수 있는 힘은 얼마나 되는 것일까?

〈그림 4-5〉 티라노사우루스 이빨 비교 사진　　국립중앙과학관

티라노사우루스의 턱 힘은 4~6톤 정도로 엄청나게 강한 힘이다. 이 수치를 상대적인 수치로 비교해 보기 위해 거북이의 껍질을 부숴 먹을 수 있는 턱 힘이 1.2톤 정도라는 점을 감안하고 생각해 본다면 강력한 힘이 아닐 수 없다. 이런 힘을 우리가 조금 더 생생하게 느끼기 위해서 다른 표현을 써보자면 책을 읽고 있는 독자의 위로 1톤 트럭 6대 정도가 떨어진다고 생각하면 될 것이다(또한 물리학적으로 힘이 분산되는 것보다 힘이 한 곳에 집중되면 그 위력은 강력해진다. 이런 힘이 이빨마다 집중되면 엄청난 위력을 발휘했을 것이다).

티라노사우루스는 무엇을 먹었을까?

티라노사우루스가 묘사되는 장면을 떠올려 보면 항상 트리케라톱스와 싸우고 있거나 하드로사우루스와 같은 오리주둥이 공룡을 사냥하고 있다. 이런 장면은 우리의 상상만으로 그려진 장면일까? 사실은 그렇지 않은 것 같다. 2019년 「Feeding traces attributable to juvenile Tyrannosaurus rex offer insight into ontogenetic dietary trends(청소년 티라노사우루스가 남긴 흔적은 식습관 성향에 대한 통찰력을 제공한다)」라는 제목의 논문은 티라노사우루스가 무엇을 먹었는지 추측할 수 있을 것 같다. BMR P2007.4.1.이라는 번호의 하드로사우루스류 화석은 V자 모양의 이빨자국이 존재한다. 논문에서는 하드로사우루스류의 꼬리 화석에서 발견된 상처는 성체 티라노사우루스가 아닌 청소년 티라노사우루스에 의한 상처로 보고하고 있다.

참고문헌

Peterson JE, Daus KN. 2019. Feeding traces attributable to juvenile Tyrannosaurus rex offer insight into ontogenetic dietary trends. PeerJ 7:e6573 https://doi.org/10.7717/peerj.6573

5. 티라노사우루스가 달리면 얼마나 빠르길래?

'실제보다 더 가까이 있음'—〈쥬라기 공원 1〉

티라노사우루스는 백악기 후기에 살았던 포식자다. 티라노사우루스가 살았던 지금의 북아메리카 대륙은 뒷장에서 다루겠지만 하드로사우루스류와 같은 공룡들을 먹이로 삼고 있었다. 티라노사우루스는 엄연한 포식자다. 그게 시체 청소부이든 사냥꾼이든 말이다. 물론 티라노사우루스가 시체 청소부라면 그다지 속도가 필요 없었을 것이지만 포식자였다면 이야기가 달라진다. 적어도 먹잇감을 잡을 속도만큼은 낼 수 있어야 멸종되지 않고 살아갈 수 있을 것이기 때문이다.

여기서 영화 장면을 하나 예시로 들어보자. 〈쥬라기 공원 1〉의 그 어떠한 장면들보다 강렬하게 내 기억에 남은 장면은 티라노사우루스가 지프차를 쫓아가고 사람들이 도망가는 장면에서 백미러를 통해 티라노사우루스가 보이고 실제보다 더 가까이 있다는 문구가 비춰지는 장면이다. 그런데 이 장면을 보면 볼수록 시간이 지나면 지날수록 '티라노사우루스가 저렇게 쫓아가는 게 가능할까?'라는 의문이 맴돌았다. 그렇게 많은 시간을 고민만 하다가 잊어 갈 때쯤 '칠리의 공룡공방'이라는 블로그를 하기 시작했고 그 블로그에 글을 쓰면서 본격적으로 티라노사우루스가 달릴 수 있는지, 달린다면 얼마나 빨리 달릴 수 있는지에 대해서 고민해 보면서 정보를 찾아보기 시작했다.

처음에는 장면을 되짚어 보는 것으로 시작했다. 당시에 운전되었던 차는 그냥 지프와 비슷한 차라고 생각하고 달리면서 변속 기어도 상당히 많이 넣은 것으로 보아 속도가 꽤 빨랐을 것으로 추측해 볼 수 있다. 그래서 이번 챕터에서는 티라노사우루스가 얼마나 빨리 달렸을지, 티라노사우루스가 과연 차를 따라잡을 수 있었는지 약간 물리적인 접근을 해보려 한다(물론 완전히 전문적인 물리적 접근은 아닐 것이다. 모든 변수를 고려할 수 없기 때문에 단순한 속도 비교를 해 보고자 한다).

티라노사우루스는 최강의 포식자로 알려져 있기 때문인지 먹이도 잘 잡고 싸움에서도 지지 않고 속도도 가장 빠르다는, 이런 허상을 불러일으키곤 한다(뭐든지 잘해야 한다는 강박관념과 비슷한 거 같다). 하지만 이런 이미지는 연구가 되면 될수록 시간이 지나면 지날수록 점차 바뀌어 가고 있다. 그중 대표적인 것이 티라노사우루스에 대한 속도 문제이다. 공룡의 속도는 꽤 오래전부터 연구해온 주제 중 하나로 발자국을 이용한 연구부터 걸을 때의 속도와 뛸 때의 속도 등 다양한 상황을 가정하고 연구되어온 주제이다.

먼저 앞에서 설명한 영화의 장면은 확실히 CG로 연출된 장면이며 감독의 상상과 소설의 각색이 들어간 장면이다. 때문에 영화상 어느 정도 과장과 확대 해석이 들어간 점을 감안한다고 하더라도 티라노사우루스가 차의 속도를 따라잡는 것이 가능할까라는 질문이 이번 챕터에서 다루어볼 질문이다.

일러스트레이터 김민구

〈그림 5-1〉 티라노사우루스 일러스트

이 질문에 대답을 하기 위해선 과연 공룡의 달리는 속도를 어떻게 측정할 것인가에 대한 문제부터 풀어내야 한다. 가장 간단한 방법은 티라노사우루스를 뛰게 하는 방법이지만 티라노사우루스를 가지고 있는 사람이 없는 관계로 이 방법은 불가능하다. 때문에 우리는 남아 있는 발자국 혹은 티라노사우루스의 신체 조건으로 속도를 유추해 볼 수밖에 없다.

이 문제는 『박물관에서 공룡을 만나다』라는 책과 동일하게 풀어나갈 것이므로 만약 책을 읽은 독자가 이 책을 읽고 있다면 이 장은 그냥 넘어가도 좋다.

〈그림 5-2〉 티라노사우루스 대퇴골 사진　지질박물관

문제를 풀기 위해서 가장 간단히 사용할 수 있는 연구 결과로 1976년 알렉산더 박사가 네이처지에 투고한 논문인 「Estimates of speeds of dinosaurs」의 공식을 사용하여 살펴보고자 한다. 꽤 오래된 논문이지만 우리가 공룡의 속도를 계산하기 위해 사용하는 공식 중 상당히 편한 공식인 것은 확실하며 이 방법은 공룡의 신체 조건을 이용한 방법이다. 우리가 계산을 할 속도 공식에는 세 가지의 수치가 필요하다. 첫 번째 수치는 보폭SL이다. 보폭은 말 그대로 발자국과 발자국 사이의 거리를 말한다. 두 번째는 골반 높이H가 필요하다. 그다음으로 필요한 수치는 중력가속도G이다. 이때 중력가속도는 9.8m/s로 계산하겠다. 이런 수치를 이용하여 알렉산더 박사는 다음과 같은 두 가지 식을 세웠다.

공식 1. 보행 속도(티라노사우루스가 걸을 때 속도)

$$V = 0.25 \times G^{0.5} \times SL^{1.67} \times H^{-1.17}$$

공식 2. 주행 속도(티라노사우루스가 달릴 때 속도)

$$V = (G \times H \times SL \times \frac{1}{1.8 \times H^{2.56}})^{0.5}$$

공식을 사용해서 간단하게 풀어내는 방식으로 티라노사우루스의 속도를 계산해 보고자 한다. 계산하기 전에 우리는 알아보기 쉽게 알파벳 약자 대신 한글로 식을 다시 써보고 계산하자. 우리는 위 두 개의 식으로 티라노사우루스가 걸을 때와 달릴 때의 속도를 계산할 수

있으며 먼저 티라노사우루스가 달릴 때의 속도를 계산해 보도록 하
겠다.

달리기속도
$$= (중력가속도(G) \times 골반높이(H) \times 보폭(SL) \times \frac{1}{1.8 \times 골반높이(H)^{2.56}})^{0.5}$$

다음은 수치를 대입하여 티라노사우루스의 주행 속도를 계산한 값
이다.

$$(9.8 \times 4(8 \times \frac{1}{1.8 \times 4})^{2.56})^{0.5} = 7.164\cdots$$

주행 속도 공식에 수치를 대입하여 속도를 구한 결과 7.16m/s의 속
도 값이 나온다(초당 몇 미터를 갈 수 있는지를 나타내는 수치로 티라노사우루스
는 초당 7m를 갈 수 있다는 계산 결과가 나온다. 이 값은 3번째 자리에서 반올림한
값이다).

이번 값을 차량의 속도인 km/h로 환산해보겠다.

7.164m/s = 25.92km/h

티라노사우루스의 달리기 속도는 약 25㎞/h이다. 즉, 티라노사우루스가 시간당 25㎞를 달릴 수 있는 속도를 낼 수 있다는 것이다. 일부 화석 발자국의 보폭과 골반 높이로 추정한 주행 속도로 티라노사우루스가 얼마나 빠르게 달렸는가를 단정 짓기는 어렵겠지만, 티라노사우루스가 시속 80㎞ 이상 달리는 차를 영화 속 장면처럼 따라잡는다는 것은 사실상 불가능 한 일이 아닐까 싶다. 이후 다음 편부터는 〈쥬라기 공원〉 제작진도 이런 고증을 받아들이고 티라노사우루스의 속도를 약 30㎞로 조정했다.

다음으로 티라노사우루스가 걷는 속도를 계산해 본다면 4.98m/s라는 속도가 나온다. 이 계산 값을 다시 ㎞/h로 환산해 본다면 17.928㎞/라는 수치가 나온다. 계산 결과는 티라노사우루스의 걷는 속도가 사람이 뛰는 속도를 훨씬 웃도는 속도가 나온다는 것을 보여 주고 있다. 때문에 티라노사우루스를 만난다면 우리는 뒤도 돌아보지 말고 뛰어야 한다.

참고문헌

ALEXANDER, R. Estimates of speeds of dinosaurs. Nature 261, 129-130 (1976)

티라노사우루스의 자세는 어땠을까

어렸을 때부터 나는 공룡책을 보는 것을 좋아했다. 2000년대 초반까지 내가 어렸을 때 봐 왔던 책들에서는 종종 티라노사우루스는 꼬리를 끌고 다니며 머리를 꼿꼿하게 들고 있는 자세로 복원되어 있는 것을 볼 수 있었다. 이런 복원도는 약 1960년대와 1970년대에 복원된 이미지에 기인한 것으로 보인다. 아마도 그 당시에 복원된 티라노사우루스는 마치 고질라와 같은 일본 괴수와 비슷할 것이다. 뉴욕 자연사 박물관의 관장이었던 헨리 오스본은 1915년에 티라노사우루스를 꼬리를 끌며 머리를 꼿꼿하게 들고 있는 자세로 전시했다. 하지만 티라노사우루스의 복원도는 1970년대 데이노니쿠스를 연구했던 존 오스트롬이 등장한 이후로 바뀌게 된다. 존 오스트롬은 데이노니쿠스를 연구하면서 수각류의 해부학적 구조와 새의 구조가 유사하다는 결론을 내렸다. 또한 공룡이 그렇게 꼬리를 끌고다니는 자세로 다닐 수 없었을 것이라고 한다. (추가적으로 아마도 티라노사우루스와 같은 육식 공룡들이 꼬리를 끌고 다녔다면 발자국 화석과 함께 꼬리를 끌었던 흔적이 발견되어야 하지만 지금까지 육식 공룡의 발자국 화석에서 꼬리 자국이 발견된 적은 없으며 심지어는 초식 공룡의 발자국 화석에서도 발견된 적이 없다. 만약 직접 공룡 발자국 화석을 보러가고 싶다면 고성 상족암, 해남 공룡 박물관을 추천한다) 그렇게 공룡의 복원도가 꼬리를 들고 머리와 꼬리가 수평인 자세로 바뀌기 시작한다. 우리가 보는 지금의 티라노사우루스는 어떻게 생겼을까?

현재 우리가 보는 티라노사우루스의 모습은 몸을 수평으로 놓고 발가락으로 걷는 모습으로 복원되고 있다. 일부 박물관에서는 아직 옛

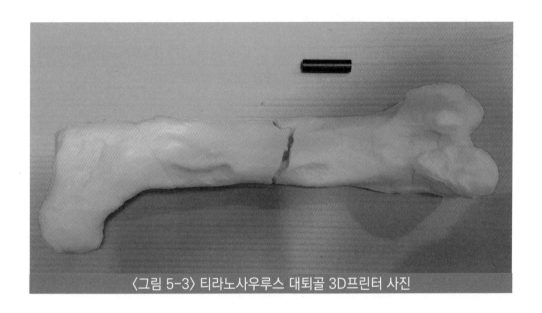

〈그림 5-3〉 티라노사우루스 대퇴골 3D프린터 사진

날 모습으로 전시되고 있지만 우리가 과거에 봐 왔던 고질라같은 티라노사우루스는 이제 찾아볼 수 없을 것이다.

공룡 발자국도 화석일까?

우리가 흔히 화석이라고 생각하는 것들을 떠올려보자. 대부분 엄청나게 커다란 공룡이나 메머드의 뼈 같은 것이 박물관에 전시되어 있는 모습을 상상하고는 한다. 하지만 이런 뼈들만 화석인 것은 아니다. 생물은 살면서 많은 화석을 남긴다. 즉, 화석의 범위는 생물의 유해와 그 생물이 남긴 흔적으로 간단하게 설명할 수 있다. 자세히 들어가 보면 일단 생물의 몸체가 남은 체화석이 존재한다. 여기서 체화석은 다시 몰드와 캐스트로 나뉜다. 쉽게 설명하면 주형과 주물인 것이다. 다음으로 생물이 남긴 흔적이 있다. 이 흔적에는 굉장히 여러 종류가 존재하는데, 대표적인 것이 발자국이다. 특히 공룡 발자국은 우리나라의 남쪽 지방인 고성과 해남 등의 지방에서 잘 발견되며 이 지역들은 세계적인 화석지로도 유명하다. 이런 발자국은 외국에서 Trace Fossil이나 Ichno Fossil이라는 용어로 불리며, 이런 화석들은 고생물학자들이 연구하고 있다. 조금 더 특이한 화석으로는 똥 화석, 일명 분화석이라고 불리는 화석들이다. 생물은 살면서 배설을 하는데 이것이 흔적으로 남은 것이다. 분화석은 그 생물의 먹이 생활을 재구성하는 데 도움이 될 수 있다.

6. 티라노사우루스와 고릴라의 팔씨름? (앞발)

티라노사우루스가 발견된 이후 줄곧 논란의 대상이 되어온 것 중 하나는 티라노사우루스의 앞발일 것이다(종종 티라노사우루스 팔이라고 불리기도 한다). 이 내용은 『박물관에서 공룡을 만나다』라는 필자의 책에서 이미 언급했던 내용이기도 하지만 이 내용을 조금 더 자세히 그리고 재미있게 다루어 보려고 가져왔다.

티라노사우루스의 앞발이 가장 눈에 띄며 논란이 되는 이유는 아마도 그 길이에 있을 것이다. 티라노사우루스의 팔 길이는 어림잡아서 1m 정도다. 티라노사우루스 팔 길이가 1m라고 하니 길게 느껴진다면 필자의 팔 길이를 예시로 들어보겠다. 책상 서랍 속 줄자로 재보니 필자의 팔 길이가 대략 80㎝ 정도였다.

물론 필자의 팔이 조금 긴 감이 없지 않지만 대부분 성인 남성의 팔 길이가 이와 비슷할 것이다(여기서 잠깐 1m는 100㎝이다). 필자의 키는 177㎝(1.77㎝), 티라노사우루스의 몸길이는 13m 정도다(간단한 예시를 위해서 티라노사우루스의 높이가 아닌 몸길이를 사용하였다). 여기서 우리는 간단한 비례식을 사용할 수 있다. 티라노사우루스의 몸길이 13m에 팔 길이 1m, 그리고 필자의 키인 1.77m를 가지고 비례식을 세운다면 13 : 1.77 = 1 : x가 된다. 이 식은 만약 필자가 티라노사우루스와 같은 비율의 팔을 가지게 된다면 얼마나 작은 팔을 가지게 될지 생각해 볼 수 있는 식이다(책을 읽는 독자들도 한번 본인 키를 넣어서 계산해 보면 재밌는 값을 얻게 될 것이다). 계산을 해보면 필자는 13.6㎝ 정도 길이의 팔을 가지게 된다. 이제 티라노사우루스가 얼마나 작은 앞발을 가지고 있는지 느낌이 왔을 것이라고 생각한다. 물론 해부학적 구조로 볼 때 인간과 티라노사우루스는 많은 차이를 가지고 있기 때문에 이 비례식이 모든 차이를 반영할 수는 없지만 단지 비교해 보기 위해서 간단한 비례식으로 구해 본 것이다. 필자가 13㎝ 정도의 팔을 가지고 평소에 해오던 일상적인 일을 정상적으로 할 수 있을까? 물론 생활이 가능할 수도 있다. 아마도 그건 생존의 문제일 테니, 적응하지 못하면 필자는 다윈의 적자생존 법칙에 따라 사라질 것이고, 모든 인간이 차례로 멸종의 단계를 밟아갈 것이다. 그러므로 그런 팔을 가지게 된다면 아마도 기존에 가지고 있던 거의 모든 생활습관을 바꿔야 할 정도의 커다란 변화가 찾아올 것이다. 그 정도로 티라노사우루스는 다른 육식 공룡들에 비해서 극단적으로 짧은 팔의 길이를 보이고 있다. 다시 말하면 티라노사우루스는 다른 육식 공룡들과는 다른 극단적인 방향의 진화를 했다는 이야기가 된다. 이제부터 그 진화가 어떤 진화였는지 살펴보도록 하자.

$$13 : 1.77 = 1 : x$$

앞발의 크기를 간접적으로 알아보았으니 이제 티라노사우루스의 앞발에 대해서 조금 더 자세하게 이야기해보자.

티라노사우루스는 어쩌다 짧은 앞발을 가지게 되었을까?

일단 티라노사우루스의 앞발이 짧다는 것은 누구나 아는 사실이다. 여기서 중요한 건 왜? 어떻게? 티라노사우루스가 짧은 앞발을 가지게 되었는지에 대한 이야기이다. 티라노사우루스의 앞발을 살펴보기 전에 우리는 진화라는 개념에 대해 짚고 넘어갈 필요가 있다. 유튜브나 SNS와 같이 사람들이 많이 접하고 있는 곳에 콘텐츠 제목을 살펴보면 '하루에 1000만 년 치 진화를 하는 생물'과 같은 제목이 많이 올라오곤 한다. 그런데 이런 콘텐츠가 간과한 게 한 가지 있다. 진화는 환경에 맞추어 생물에게 일어나는 변화다. (간단히 정의하자면) 이러한 변화는 환경이 있어야 존재하는 것이고 이런 과정에서 적응과 진화라는 개념이 나온다는 것이다. 이런 환경에 적응하지 못하는 종은 결국 멸종하게 되는 것이다.

(여기서 우리는 붉은 여왕 가설이라는 것을 보고 갈 수 있다. 붉은 여왕 가설은 변화하는 환경에 맞추어 생물도 지속적인 변화를 해야 한다는 것이다. 여기서 적응을 하지 못하면 결국 그 생물은 멸종을 하게 되는 것이다. 결국 계속되는 다양성의 문제로 인해 유성생식의 장점은 두드러지고 적응하지 못한 특정 생물들에게 지속적인 멸종이 발생하게 되는 현상이 생기게 된다)

하지만 티라노사우루스는 기나긴 백악기의 북아메리카를 호령한 포식자이며 백악기 말 대멸종 때까지 티라노사우루스는 그토록 커다란 멸종의 사건을 겪지 않았다(백악기는 생각보다 긴 시간이다).

즉, 티라노사우루스의 앞발은 티라노사우루스가 생존하는 데 별 문제가 없었다는 것으로 해석할 수 있다.

(여기서 잠깐 퇴화에 대해 짚고 넘어 가겠다. 퇴화는 진화의 일종이다. 그러니까 어떤 생물이 가지고 있는 기관 중 하나가 쓸모가 없어져 가지고는 있는데 기능을 안 한다거나 아예 사라지는 걸 말한다. 이걸 다른 말로 퇴행적 진화라고 한다. 즉 우리가 흔하게 사용하는 진화와 퇴화의 개념은 서로 방향이 다르지만 진화라는 같은 맥락 속에 존재하는 것이다. 여기서 흔히 오해할 수 있는 개념들 중 하나가 진화는 사실 늘 진보적인 방향으로 일어나는 것은 아니라는 것이다. 우연히 일어난 돌연변이가 생물에 굉장히 악영향을 끼칠 수도 있는 것이다)

여기서 잠깐 살펴보자면 앞발이 작아진 공룡은 티라노사우루스뿐만이 아니다. 2016년 발견된 구알리초, 짧은 팔과 4개의 손가락으로 유명한 카르노타우루스, 마중가사우루스와 같은 공룡들처럼 다양한 경우가 존재한다. 이들은 위에서 말한 진화의 개념 중 수렴진화의 경우로 해석할 수 있다.

〈그림 6-1〉 티라노사우루스 두개골 사진

국립중앙과학관

(여기서 수렴진화란 계통적으로 먼 생물이 유사한 환경에 적응하면서 비슷한 형태로 진화하게 되는 경우를 말한다. 어룡과 물고기, 돌고래가 모두 유선형 몸체로 진화한 사례가 대표적이다.

수렴진화를 뒤로하고 나머지 진화의 두 경우를 살펴보려 한다. 먼저 평행진화는 같은 조상을 가진 종 사이에 나타나는 진화로 두 종 사이에 유사한 특징이 나타나는 것을 말한다. 발산진화는 수렴진화의 반대 개념으로 한 종이 경쟁이 없는 지역으로 이주했을 때 다양한 종으로 나누어 진화하는 것을 말한다)

때문에 공룡의 앞발은 특정 공룡 종이 머리를 중심으로 진화하면서 상대적으로 몸의 균형이 맞춰지고 그로 인해 앞발이 퇴행적 진화를 한 것이라고 해석할 수 있다.

티라노사우루스의 앞발의 용도는 무엇이었을까?

티라노사우루스의 앞발은 많이 돌아가지도, 길이가 길지도 않다. 때문에 우리는 박물관에 전시된 티라노사우루스의 화석을 보며 앞발의 용도에 대해 의심을 가질 수밖에 없다. 이상하게 작은 앞발을 바라보며 저 앞발이 과연 어떻게 사용되었는지는 많은 사람이 궁금해 했고, 덕분에 여러 사람을 통해 연구되었다. 이번엔 다양한 가설 중 재미있는 일부를 소개해보고자 한다.

첫 번째, 티라노사우루스의 팔은 사냥을 하는 데 사용했다?

티라노사우루스는 백악기 북아메리카 지역을 활보하던 포식자다. 앞에서 언급했듯이 티라노사우루스는 백악기에 생존했었다(비록 현재는 멸종했지만). 이는 적어도 그 기간 동안에 지속적인 사냥이 가능했고 이는 당시에 앞발을 사용했든 하지 않았든 사냥이 가능했음을 말해 준다. 만약 티라노사우루스의 앞발이 사냥에 사용되었다고 가정한다면 티라노사우루스의 앞발은 먹잇감을 움켜쥐고 상처를 입히는 용도로 사용되었을 것이다. 하지만 이 해석에는 결정적인 문제점이 존재한다. 약 1m밖에 되지 않는 길이로 자신의 입에도 닿지 않는 앞발이 과연 먹잇감에게 상처를 입힐 수 있었는지가 의문인 것이다.

두 번째 가능성은 교미할 때 다른 티라노사우루스를 잡는 용도로 쓰였다는 가설이다. 티라노사우루스의 짧은 팔의 용도를 첫 번째와는 전혀 다른 용도로 해석한 경우로, 짝짓기를 할 때 자신과 상대방을 지지하거나 상대를 자극하는 데 사용했다는 의견이다. 이는 위와 같은 길이의 문제에 제약을 상대적으로 덜 받는다.

마지막 가능성은 티라노사우루스가 바닥에 엎드렸다가 다시 일어날 때 힘을 받기 위해서 땅을 짚을 때 사용했다는 것이다. 이 또한 첫 번째 가설에 비해 길이의 문제의 제약을 덜 받는 가설로 티라노사우루스의 팔이 간단한 동작만을 위한 구조였다면 충분히 많은 가능성이 존재하는 추측이다.

위 세 개의 가능성은 많은 가설들 중 특징적인 가설을 소개한 것이다. 또한 이 추측들을 티라노사우루스의 앞발이 최소 200kg을 지탱할 수 있다는 전제 하에서 생각해 본다면 3개의 용도가 각각의 분리된 가능성이 아니라 모두 사용되었을 가능성도 배제할 수 없다. 우리가 위 가능성을 정확하게 확인할 수 있는 방법은 티라노사우루스를 부활시켜 동물원에서 키워보는 것이지만, 아직은 그럴 수 없기 때문에 우리는 아직 티라노사우루스의 앞발의 용도에 대해서 정확한 결론을 내릴 수 없다.

티라노사우루스의 팔의 힘은 얼마나 강했을까?

흔히 사람들은 티라노사우루스의 앞발이 작아서 그런지 상대적으로 티라노사우루스의 앞발 힘이 약했을 것이라고 생각한다. 하지만 과연 그랬을까? 이는 엄연히 착각에 해당한다. 티라노사우루스의 앞발의 힘은 사실 굉장히 강했다. 정확히는 티라노사우루스의 앞발은 200㎏를 들 수 있었을 것으로 추정하고 있다(쌀가마니가 20㎏이니까 쌀 10가마를 들 수 있었던 것이다).

고릴라와 티라노사우루스가 팔씨름을 한다면?

꽤 재미있는 생각이 아닐 수 없다. 굳이 왜 고릴라를 골랐냐고 묻는다면 아마도 무의식 속에 있는 킹콩이라는 영화 때문에라고 밖에 답할 수 없을 것 같다. 만약 티라노사우루스와 고릴라가 팔씨름을 한다면 누가 이길지를 가려보기 위해서 각자 얼마나 팔 힘이 센지를 살펴보겠다(팔씨름은 많은 요소가 승패를 좌우하지만 간단히 따져보기 위해서 들 수 있는 무게만으로 팔 힘을 예측해 본 것이다). 먼저 티라노사우루스는 앞에서 언급했듯이 한 손에 200㎏에 가까운 무게를 들 수 있다. 그에 반해서 로랜드 고릴라는 양손으로 2톤을 들 수 있다고 하니 한 손을 1톤으로 생각해 보겠다. 이미 로랜드 고릴라와 티라노사우루스의 팔 힘은 5배가 차이가 나니 팔씨름의 승부는 고릴라가 이긴다고 생각할 수밖에 없겠다. 또한 팔씨름은 인간이 만들어 놓은 게임인 만큼 인간과 비슷한 체형을 가진 생물이 유리할 것이다. 때문에 팔씨름의 승리는 고릴라에게로 돌아가겠지만 이것은 그냥 내 상상 속에서 이루어진 게임이기 때문에 결과는 알 수 없다고 할 수 있다.

7. 티라노사우루스는 가장 큰 육식 공룡이었을까?

'공룡'

이 한 단어를 듣는 순간 떠올리는 이미지

'크다'

공룡은 모두 크고 무섭지 않음에도 불구하고 티라노사우루스와 같은 인기 많은 공룡 때문일까 공룡들은 크고 무섭다는 이미지를 잠재적으로 내포하고 있는 것 같다(생각보다 귀여운 공룡도 많다). 적어도 개인적으로 그렇게 느끼고 있다. 그다음으로 지질 박물관에서 전시 해설을 하던 시절에 많이 들었던 사람들의 생각은 티라노사우루스가 육식 공룡 중에 가장 크다라는 의견이었다. 이건 티라노사우루스의 개인적인 이미지와 인기가 결합해서 내는 시너지 효과일 것이다. 하지만 '가장 무섭다'라는 이미지가 '가장 크다'라는 이미지와 연결되는 것은 잘못되었다고 생각한다. 하지만 일종의 고정 관념처럼 이미 사람들의 생각에 고착화되었으니 그 생각을 바꾸기 위해서 이 챕터를 준비했다. 이제부터 티라노사우루스보다 더 큰 공룡들을 천천히 살펴보도록 하자.

먼저 '크다'라는 단어를 우리는 정의할 필요가 있다. 왜냐고 묻는다면 한 생물의 몸길이는 10m이고 높이는 3m이다. 다른 생물의 몸길이는 12m이고 높이는 1m이다. 그렇다면 누가 더 큰 생물일까? 높이가 3m인 생물일까? 아니면 몸길이가 12m인 생물일까? 사전을 기준으로 보면 '크다'는 사람이나 사물의 외형적 길이, 넓이, 높이, 부피 따위가 보통 정도를 넘다 라고 정의되어 있다. 이런 정의로 크다는 기준이 몸길이인가 높이인가에 따라서 그때그때 바뀌기 때문에 우리는 이에 대해 정의를 내리고 갈 필요가 있다(물론 두 개의 기준 모두가 큰 편이 우리에겐 편하다). 그래서 뒤에 내용에 정의되는 '크다'라는 기준은 몸길이에 기준을 두려고 한다.

스피노사우루스, 가장 큰 육식 공룡

먼저, 스피노사우루스가 어떻게 세상에 나오게 되었는지 살펴보자. 스피노사우루스는 1912년 이집트의 한 사막에서 발견되었다. 발굴은 4년이라는 시간 동안 진행되었다. 이렇게 발견된 표본은 독일 뮌헨 박물관에 전시되었다. 하지만 2차 세계 대전이 일어나 전쟁 중에

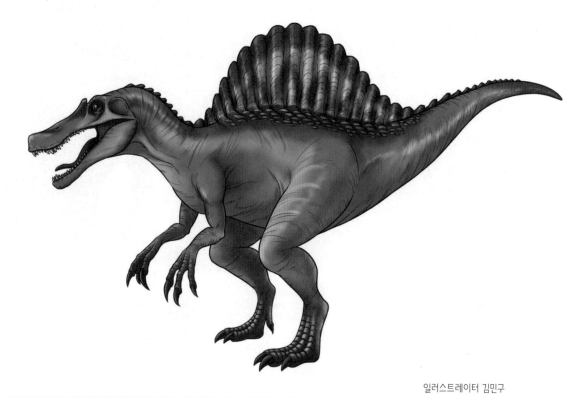

〈그림 7-1〉 스피노사우루스 일러스트

박물관은 폭격을 맞게 되었고 당연히 그 안에 있던 스피노사우루스의 화석은 파괴되었다. 그렇게 다시는 스피노사우루스가 발견되지 않을 줄 알았으나 1997년 또다시 이집트에서 괜찮은 스피노사우루스가 발견되었고 그 뒤로 다른 곳에서도 스피노사우루스가 계속 발견되면서 스피노사우루스는 제대로 된 모습을 찾아갔다.

스피노사우루스의 크기는 몸길이 15~16m 정도로 상당히 긴 몸을 가진 육식 공룡이다. 티라노사우루스의 몸길이는 12m 정도로 이미 티라노사우루스는 스피노사우루스에게 가장 큰 공룡의 타이틀을 내어 주었다.

〈그림 7-2〉 스피노사우루스 골격   안면도 쥐라기 박물관

〈그림 7-3〉 스피노사우루스 두개골 스케치

〈그림 7-4〉 스피노사우루스 전신골격

스피노사우루스에 대해서 조금 더 자세히 알아보자. 스피노사우루스는 티라노사우루스와는 다른 입을 가진 공룡이다. 기다란 주둥이에 원통형 이빨이 박혀 있으며 이런 모습은 마치 악어와 같은 생물을 **연상하게 한다**(하지만 악어와 스피노사우루스가 직접적인 관계가 있는 것은 아니다. 앞에서 언급한 수렴진화와 관련이 있다고 생각한다). **또한 스피노사우루스의 기다란 앞발에는 30㎝를 웃도는 크고 날카로운 발톱이 박혀 있으며 이는 사냥을 할 때 쓰였을 것으로 추측하고 있다. 스피노사우루스의 배에서 물고기의 뼈가 나온 적도 있는데, 이를 통해 스피노사우루스가 땅과 물 모두 왔다 갔다 하는 생물이었음을 추측해 볼**

수 있다. 이런 특징 이외에도 단연 돋보이는 스피노사우루스의 특징은 등에 있는 큰 신경배돌기라는 구조로 흔히 돛이라고 알려져 있다. 아직까지 이런 신경배돌기의 용도가 정확히 무엇이었는지, 어디에 쓰였는지 알 수 없지만 과시용 혹은 신체의 체온 조절을 위한 용도로 쓰였다고 추측한다.

간단히 스피노사우루스에 대해 소개해 보았다. 사실 스피노사우루스에 대해 더 깊이 들어가 보면 스피노사우루스의 4족 보행과 2족 보행에 대한 논란, 신경배돌기의 배열에 대한 논란, 반 수생 생물인지에 대한 논란 등 다양한 논란을 가지고 있어 상당히 방대한 분량을 차지할 것이다. 하지만 이 책은 티라노사우루스가 주인공이니 넘어가도록 하자.

기가노토사우루스, 남아메리카의 포식자

티라노사우루스가 북아메리카 대륙에서 포효를 내지르고 있을 때, 남아메리카 대륙에서는 기가노토사우루스가 그 자리를 차지하고 있었다. 기가노토사우루스는 백악기 때 아르헨티나에 살았던 공룡으로 티라노사우루스와는 다르게 분류되는 대형 수각류이다.

기가노토사우루스는 1993년 아르헨티나 파타고니아에서 발견된 대형 수각류다. 기가노토사우루스라는 이름의 뜻은 거대한 남부 도마뱀이라는 뜻으로 몸길이가 13m에 달하는 크기를 가지고 있다(한때 기가노토사우루스의 크기가 15m로 추측된 적이 있으나 최근 13m로 추측되고 있

다). 1993년 처음으로 세상에 등장한 기가노토사우루스는 화석 사냥꾼인 칼롤리니Ruben D. Carolini에 의해서 발견됐다. 그 후 1994년 그 존재가 로돌포 코리아Rodolfo Coria에 의해서 밝혀졌다.

기가노토사우루스 표본은 70%의 보존율로 양호한 보존 상태를 보이고 있다. 기가노토사우루스는 알로사우루스상과에 속하는 공룡으로 티라노사우루스와는 다른 형태의 육식 공룡이다. 또한 알로사우루스상과에 속하는 공룡들이 호리호리한 체형을 가지고 있는데, 기가노토사우루스도 호리호리한 체형을 가지고 있었다. 때문에 기가노토사

일러스트레이터 김민구

〈그림 7-6〉 기가노토사우루스 일러스트

우루스의 속력은 생각보다 빨랐을 수도 있다고 추정되고 있다.

기가노토사우루스와 티라노사우루스의 크기는 줄곧 논란의 대상이 되기 일쑤였다. 티라노사우루스의 몸길이는 앞에서 언급했던 것처럼 약 12m, 기가노토사우루스의 몸길이는 가장 큰 표본의 크기가 13.2m이다(과거에 소개된 15m의 길이는 잘못된 수치로 알려져 있다). 그렇다면 이 책에서 정한 '크다'의 기준은 몸길이이기 때문에 기가노토사우루가 더 크다고 생각할 수 있겠다(다시 언급하지만 이 책의 기준일 뿐이다).

기가노토사우루스와의 티라노사우루스의 크기 비교를 해보았으니 기가노토사우루스에 대해서 조금 더 자세히 알아보자. 기가노토사우루스는 티라노사우루스와 비슷하게 그 지역의 최상위 포식자 자리를 차지하고 있는 공룡으로, 아마 주요한 먹이들로 그 지역의 대형 용각류를 사냥했을 것으로 추측하고 있다. 하지만 티라노사우루스에 비해서 턱의 힘은 강하지 않았을 것으로 추측된다(티라노사우루스의 약 3분의 1에 달하는 힘밖에 내지 못했을 것이라고 한다). 때문에 티라노사우루스는 크고 뭉툭한 이빨로 뼈까지 타격을 입힐 수 있는 공격을 할 수 있었던 반면에 기가노토사우루스는 그런 공격은 힘들었을 것이며 고기만 베어 무는 이빨이었을 것이다.

카르카로돈토사우루스, 백상아리 도마뱀

카르카로돈토사우루스는 1924년 알제리에서 처음으로 발견되었다. 당시에 카르카로돈토사우루스는 메갈로사우루스 사하리쿠스라고 이름이 붙었다. 하지만 후에 다시 카르카로돈토사우루스라는 공룡으로 새롭게 분류되었다. 카르카로돈토사우루스의 화석은 스피노사우루스의 화석과 같이 뮌헨 박물관에 전시되어 있었으며 1944년 2차 세계대전에 일어났던 폭격으로 소실되었다. 하지만 1995년 고생물학자 폴 세레노에 의해 모로코에서 새로운 화석이 발견되었으며 심지어 발견된 화석은 이전에 발견된 카르카로돈토사우루스보다 보존율이 양호했다(여기서 발견된 카르카로돈토사우루스는 Neotype이다).

카르카로돈토사우루스의 몸길이는 약 13m로 티라노사우루스보다
약간 큰 크기를 가지고 있다. 카르카로돈토사우루스의 이빨은 고기
를 베어 무는 날카로운 이빨로 기가노토사우루스와 마찬가지로 티
라노사우루스와 다른 형태의 공격을 했을 것으로 추측된다(치악력 역
시 티라노사우루스에 비해 현저히 낮은 수치를 보인다).

타르보사우루스, 아시아의 티라노

타르보사우루스는 〈한반도의 공룡〉을 통해 점박이로 유명해진 공룡으로 타르보사우루스의 화석은 1946년에 처음 그 존재가 알려졌다. 소비에트-몽골 연합 탐사에 의해서 발견되었으며 1955년 타르보사우루스라는 이름이 붙었다. 그 이후로 많은 표본들이 발굴되면서 타르보사우루스의 표본은 30개가 넘는 표본이 알려져 있다. 타르보사우루스의 화석은 현재 고비사막에서만 발견되는 종이다(여담으로 몽골 고비사막에서는 종종 타르보사우루스와 같은 공룡의 화석을 도굴하는 도굴꾼들이 있다고 한다).

타르보사우루스는 아시아에서 티라노사우루스가 발견되었다고 착각할 만큼 티라노사우루스와 비슷한 외형을 가지고 있는 공룡이다(사실 자세히 살펴보면 다른 점도 많다). 때문에 처음 발견되었을 때 타르보사우루스는 티라노사우루스로 분류되기도 했었다. 타르보사우루스가 우리나라에서 알려지기 시작한 것은 〈한반도의 공룡〉이라는 프로그램 때문이었다(덕분에 타르보사우루스와 티라노사우루스에 대한 오해가 생기기도 하였다). 그 이후로 점박이라는 이름으로 불리며 타르보사우루스는 한국에서 인기의 전성기를 누리기도 했다. 타르보사우루스는 티라노사우루스와 비슷한 체형을 가지고 있으나 티라노사우루스보다 더 큰 두개골을 가지고 있다는 것이 특징이다. 그 외에도 타르보사우루스의 두개골은 티라노사우루스의 두개골에서 형태적인 차이를 보인다. 타르보사우루스 주둥이는 길고 가는 반면에 티라노사우루스의 주둥이는 짧고 두껍다. 또한 타르보사우루스의 이빨은 작고

얇은데, 티라노사우루스의 이빨은 크고 굵다. 타르보사우루스의 전상악골은 폭이 좁고 가는데 비해, 티라노사우루스의 전상악골은 상대적으로 두껍다는 차이를 보인다.

타르보사우루스와 티라노사우루스의 크기를 본격적으로 비교해보자. 타르보사우루스는 몸길이 약 10~12m로 티라노사우루스와 비슷하거나 작은 크기를 보이고 있다.

〈그림 7-9〉 티라노사우루스 대퇴골 사진　　고성공룡박물관

이제 4종류의 공룡을 살펴보았으니 그 크기를 정리해 보자면,

스피노사우루스 〉 기가노토사우루스 〉 카르카로돈토사우루스
〉 티라노사우루스 〉 타르보사우루스

의 순으로 정리해 볼 수 있다.

<그림 7-10> 대왕고래의 꼬리

공룡이 지구 역사상 가장 큰 동물이었을까?

여기서 동물은 포유류, 양서류, 파충류와 같은 동물을 가리키는 말로 버섯이나 식물은 제외한다. 전시 해설사 시절에 박물관에서

'지구 역사상 가장 큰 동물이 뭘까?'

라는 질문을 던지게 되면 대부분 주저 없이 공룡이라고 답한다. 공룡이 가진 이미지를 잘 설명해 주는 말이기 때문에 어쩔 수 없다고 생각한다. 하지만 사실 공룡이 정답은 아니다. 지구 역사상 가장 큰

동물은 대왕고래다. 대왕고래는 아르헨티노사우루스, 브리키오사우루스 같은 엄청 큰 용각류들을 넘는 크기를 가지고 있다. 대왕고래의 몸길이는 33m로 티라노사우루스가 3마리 정도를 합쳐 놓은 크기와 비슷하다. 때문에 저 질문을 누군가 물어본다면 이제부터

'대왕고래'

라고 대답하면 되겠다.

가장 큰 공룡은 어떤 공룡일까?

공룡 가운데 가장 큰 공룡은 무엇일까? 여기서 가장 크다는 것은 몸 길이를 이야기하는 것이다. 가장 큰 공룡의 후보들은 육식 공룡이 아닌 사우로포드라는 용각류에서만 찾아볼 수 있다. 용각류는 긴 목 과 꼬리를 가지고 있기 때문에, 짧은 목과 용각류에 비해 왜소한 몸 을 가졌던 육식 공룡들은 가장 큰 공룡 후보에 들어갈 가능성이 적 은 게 사실이다. 그러므로 이번에는 용각류, 그중에서도 1877년에 발견된 용각류인 암피코엘리아스에 대해서 살펴보려고 한다.

암피코엘리아스는 1877년, 유명한 고생물학자 에드워드 드링거 코 프가 발견한 용각류이다. 하지만 암피코엘리아스의 화석은 완벽하 지 않았다. 오직 2개의 척추와 골반뼈 그리고 대퇴골만 발견되었기 때문이다. 1년이 지난 1878년, 다시 한번 코프는 암피코엘리아스의 뼈를 발견하게 되는데 크기가 1.5m나 되는 척추뼈였다. 이 뼈는 암 피코엘리아스라는 새로운 종으로 명명되었고, 최대 크기가 58m라 는 어마어마한 크기를 가지게 된다. 즉, 육상동물들 중 가장 큰 공룡 인 것이다. 하지만 현재 이 뼈는 존재하지 않기 때문에 암피코엘리 아스에 대한 화석을 추가로 발견해야 우리는 이 거대한 공룡의 정체 를 알 수 있을 것이다.

가장 작은 육식 공룡은 무엇일까?

가장 커다란 공룡에 대해서 알아보았으니 이제 가장 작은 육식 공룡에 대해서 살펴보자. 몸길이 25㎝인 가장 작은 육식 공룡의 이름은 에피덱시프테릭스이다. 에피덱시프테릭스는 보여 주는 날개라는 뜻으로 에피덱시프테릭스의 화석에는 기다란 깃털이 보존되어 있다.

에피덱시프테릭스의 화석은 중국에서 발견된 쥐라기 수각류로, 기존의 가장 작은 공룡이 콤프소그나투스로 소개되었다면 이제는 에피덱시프테릭스로 소개되어야 한다. 에피덱시프테릭스의 특징은 꼬리에 깃털이 나있다는 점과 몸의 비율에 비해서 유독 긴 손가락들을 가지고 있다는 점이다. 때문에 에피덱시프테릭스가 나무에서 살았다는 주장이 존재하지만 생활에 대해서는 추가적인 연구가 더 필요하다.

8. 티라노사우루스가
깃털을 가졌다?

근래의 다양한 고생물학적 연구를 통해서, 우리는 수각류 공룡과 새의 관계가 굉장히 밀접한 수준에 있다는 것을 알 수 있었다. 그렇다면 사람들에게 가장 널리 알려진 공룡, 티라노사우루스에게 과연 깃털이 있었을까?

티라노사우루스는 코일루로사우리아 계통의 수각류 공룡 중에서 손가락에 꼽힐 정도로 거대한 종으로, 단연 특이한 진화가 이루어진 경우라고 볼 수 있다. 특히 외형상에서 구분되는 가장 큰 특징이라면, 깃털의 경우라고 볼 수 있다. 코일루로사우리아의 공룡들 대부분이 가지는 특징이 있다면, 그것은 바로 깃털을 가졌을 가능성이 높은 공룡들이라는 것이다. 그렇다면 우리는 합리적인 의심으로 티라노사우루스에게도 깃털이 있었을 수도 있다는 생각을 해 볼 수 있다.

원시적인 티라노사우루스 계통의 육식 공룡들 사이에서는 깃털의 흔적이 발견된 사례가 있었다. 2004년에 중국에서 보고된 딜롱Dilong의 경우, 꼬리와 턱 부근에 남은 피부 흔적화석을 통해서 티라노사우루스 계통의 공룡들 사이에서도 깃털이 있었다는 것을 증명했다.

하지만 딜롱이 살았던 시기는 약 1억 2500만 년 전 백악기 전기로, 티라노사우루스와 적어도 5900만 년의 시간 차이가 있다. '십 년이면 강산도 변한다'라는 속담이 있듯, 딜롱과 티라노사우루스 사이에는 어마어마한 외형적 차이가 벌어지기엔 충분한 시간이다. 그럼에도 딜롱의 발견 이후, 티라노사우루스에게 깃털이 있었을 것이라는 의견은 계속해서 수면 위로 떠올랐다.

그중 흥미로운 주장은 티라노사우루스는 어렸을 때 편리한 체온 조절을 위해 깃털을 달고 있다가, 크면서 깃털이 빠지는 방향으로 성장이 이루어졌다는 주장이었다. 실제로 재미난 점이 있다면, 소설 『쥬라기 공원』에서 이러한 주장을 토대로 깃털로 치장한 새끼 티라노사우루스가 묘사되는데, 이 모습은 아쉽게도 스티븐 스필버그가 영화화 작업을 거치면서 깃털의 모습은 고려되지 않아 영화로 볼 수 없게 되었다.

그렇게 시간이 지나고, 2012년 상반기에 고생물학계에 혁신적인 보고가 이루어진다. 바로 유티라누스Yutyrannus의 발견이었다. 유티라누스는 약 1억 2400만 년 전 백악기 전기 중국에 살았던 육식 공룡

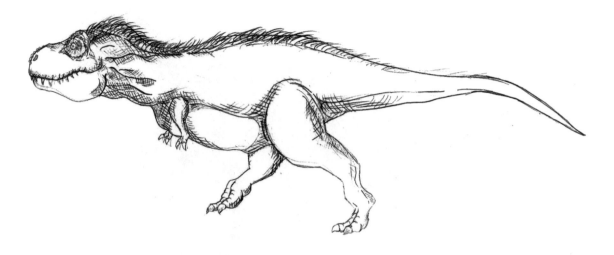

〈그림 8-1〉 티라노사우루스 깃털 복원 스케치

으로, 길이는 9m에 이르던 거대한 육식 공룡이었다. 게다가 이런 큰 덩치에 유티라누스는 목부터 꼬리까지 약 15㎝ 길이의 깃털들로 치장하고 있었다.

정말 놀라운 발견이 아닐 수 없다. 물론, 유티라누스가 살았던 당시 백악기 중국의 평균 기온은 약 10℃ 정도로 서늘했기 때문에 그러한 외형을 갖추었겠지만, 마을버스만한 공룡에게 이렇게 복슬복슬한 깃털이 있었다는 발견은 작은 공룡들에게만 깃털이 있었다는 편견을 타파해준 혁신적인 보고였다. 또한 유티라누스의 등장으로 인해 백악기 후기에 등장한 대형 티라노사우루스과 공룡들에게도 깃털이 있지 않았을까라는 호기심은 눈덩이처럼 불어나기 시작했다.

실제로 이 시점을 거점으로 고생물을 그리는 많은 사람들이 티라노사우루스에게 깃털을 붙여 그렸고 이것이 유행하기도 했다. 필자 역

일러스트레이터 김민구

〈그림 8-2〉 유티라누스 일러스트

시 티라노사우루스에 깃털을 붙여 그리고는 했다. 거대한 티라노사우루스에게 깃털이라니, 어울리지 않는 조합일지 모르겠지만 상당히 흥미로운 주제였다.

하지만 이것도 잠시, 이와 관련된 다른 연구 결과가 등장한다.

2017년, 앨버타대학교의 고생물학자 스콧 퍼슨스가 티라노사우루스 계통의 수각류 공룡들의 화석들을 연구해본 결과, 깃털이 아예 없다고 판단할 수는 없지만, 없다고 봐도 무방하다는 연구 결과를 알렸다. 그런데 왜 연구자들은 하필 '아예 없다고 판단할 수는 없다'라는 애매한 결과를 알린 것일까?

사실 이는 화석이 가지는 단점 때문일 수도 있다. 피부 흔적화석은 전체 몸의 형태가 아닌, 아주 극히 일부분의 부위만 남겨지는 경우가 많아서, 만약 어떤 피부 흔적화석을 발견한다고 해도 그 화석을 통해서 어느 동물의 피부 전체가 어땠을지는 알 수 없는 것이다. 물론, 상식적으로 생각해봐도 티라노사우루스가 온몸에 깃털을 치장했을 것이라는 주장은 받아들이기 어려울 수도 있다.

당장에 현재 살아가고 있는 대형 육상 동물인 코뿔소나 코끼리도 포유류지만 체내의 온도 때문에 몸에 털이 없는 수준이다. 트럭이나 작은 버스만한 동물들도 체온 조절을 위해 털을 최소화하는 마당에, 이런 동물들보다 훨씬 거대한 티라노사우루스라고 크게 다른 경우가 있었을까 싶은 것이다. 즉 티라노사우루스가 깃털을 가졌을 것이라는 가정이 들어간다고 해도, 등 쪽으로만 해서 아주 적게 나 있었을 것이라는 결론을 내린 것이다(깃털이 존재한다는 가정 하에 말이다).

물론, 과학에서 항상 '완벽'을 추구하기에는 어렵다. 특히 고생물학이나 지질학처럼 표본이나 연구에 필요한 데이터가 화석으로만 나오거나 법칙이 아닌 이론만을 만들어낼 수 있는 학문일 경우 답을 얻어내기가 매우 까다로운 학문이다. 그래도 어쩌면, 가까운 미래에 티라노사우루스의 피부에 대한 다른 연구 결과가 나올 수도 있고, 어쩌면 이 책을 읽고 있는 독자 여러분들이 후에 다른 연구 결과를 가져올지도 모른다! 고생물학의 매력은 바로 이런 것이며 우리의 머릿속에는 이미 깃털을 가진 공룡의 모습이 익숙해지고 있다.

깃털의 진화는 어떻게 이루어졌을까?

그렇다면 깃털은 언제 어떻게 생긴 것일까? 이것은 매우 오래전으로 거슬러 올라가야 한다. 깃털의 시작은 단순한 털이었다. 이런 털은 비행을 위한 용도도 아니었기 때문에 비행은 불가능했다. 이 털은 여러 갈래로 갈라지기 시작했고 이후 털들이 하나의 축을 중심으로 자라나기 시작했다. 언뜻 보면 깃털의 모습 같지만 자세히 보게 되면 깃털이라고 하기에는 많은 부분이 비어 있었으며 깃털보다는 보온용에 가까운 털이었다. 이것이 점점 촘촘해지면서 털의 축을 중심으로 대칭성을 가진 깃털로 발전하였지만 아직 비행에는 부족했다. 아마 단순히 활공 정도만 할 수 있는 깃털이었을 것이다. 하지만 시간이 지나면서 깃털이 비행기 날개처럼 비대칭성을 가지기 시작하자 새는 양력을 조절할 수 있게 되었을 것이다. 마침내 새가 비행을 시작한 것이다. 깃털의 진화 과정에서 진화의 목적에 대한 많은 논란이 있긴 하지만 현재 새의 깃털은 비대칭성을 가지고 있으며 비행을 하고 있다. 분명한 것은 새는 육식 공룡으로부터 진화한 것이며 우리는 그런 육식 공룡의 후손과 같은 지구에서 살아가고 있다는 것이다.

공룡과 새는 어떤 관계일까?

우리는 살면서 많은 새를 보고 있다. 필자도 대학교 건물이 숲과 가까워서 많은 새들의 울음소리를 들으면서 학교에 가고는 한다. 매일 새들을 보면서 드는 생각은 한결같다. 저 새들은 공룡이다. 참새나 까치나 다름없이 말이다.

새는 공룡이 진화한 것이라는 이야기에 대해 알아보려면 1964년 존 오스트롬이라는 예일대학교 교수의 연구를 살펴보아야 한다. 존 오스트롬은 데이노니쿠스 안티로푸스Deinonychus Antirrhopus라는 공룡을 발견한다. 존 오스트롬은 해부학적으로 데이노니쿠스의 골격이 새와 많은 점이 유사하다는 연구 결과를 발표했다. 처음으로 공룡과 새를 연결 지은 것이다. 여기서 주목해야 할 점은 새와 유사하다고 알려진 벨로시랩터가 데이노니쿠스보다 늦게 발견된 것이 아니라는 것이다. 벨로시랩터는 데이노니쿠스보다 약 40년 전인 1923년에 몽골 고비사막에서 처음으로 발견되었다. 그런 의미에서 존 오스트롬의 연구 결과가 더 의미 있다고 할 수 있다.

본론으로 돌아와 새와 공룡의 관계는 어떻게 되는가에 대해서 살펴보자. 새가 깃털과 부리를 가지고 있다는 것을 우리는 잘 알고 있다. 새와 공룡에 대해서 살펴보기 위해서 시조새에 대해서 살펴보아야 한다. 시조새의 정식 명칭은 아르케옵테릭스Archaeopteryx Lithographica이다. 시조새의 표본이 많이 발견되었지만, 가장 유명한 표본은 1875년에 발견된 표본이다. 시조새의 골격은 새와 공룡의 특징을 모두 가지고 있는 일명 중간고리였고 이후 시조새를 바탕으로 많은 증거들이 일부 수각류가 새로 진화하였다는 가설에 많은 힘을 실어 주었다.

티라노사우루스의 색깔은 어땠을까?

만약 티라노사우루스가 깃털을 가지고 있었다면 우리는 티라노사우루스의 깃털 색이 무엇인지 상상할 수 있다. 영화 〈쥬라기 공원〉의 티라노사우루스 색깔을 기억해보자. 또는 다른 곳에 등장한 공룡들의 색깔을 떠올려 보면 대부분의 공룡 색은 그다지 화려하다기보다는 우중충한 색으로 복원되는 경우가 다반사이다. 우리는 공룡의 색깔이 그다지 화려하지 않다고 생각해왔다. 이것은 공룡이 거대한 파충류일 것이라는 생각도 많은 영향을 끼친 것 같다. 하지만 우리는 이러한 관점을 바꿀 필요가 있다. 공룡의 색을 알아낸 연구 결과가 존재하고 그 색이 우리가 생각한 색과는 다른 색이기 때문이다. 갑옷 공룡 화석 중 가장 보존율이 좋은 보레알로펠타는 갑옷의 적갈색 배 부분이 밝은 색이라는 것이 밝혀졌다. 붉은색의 갑옷 공룡 무리가 숲에 있는 모습을 상상해보자. 이것은 우리가 기존에 생각했던 그림과는 많이 다를 것이다. 이것이 화려하다고 느껴진다면 아직이다. 카이홍이라는 공룡은 각도에 따라서 색깔이 바뀌는 깃털을 가지고 있었다. 또한 안키오르니스는 빨간색의 볏에 점박이 날개를 가지고 있는 모습을 하고 있었다. 마지막으로 시노사우롭테릭스는 적갈색의 깃털에 줄무늬를 가지고 있었다. 우리는 공룡을 초록색이나 회색 같은 우중충한 색으로 복원하지만 사실은 그렇지 않다. 아마도 보호색이나 과시용처럼 다양한 목적에 걸맞게 다양한 색을 가지고 있었을 것이다. 그렇다면 티라노사우루스의 색깔은 어땠을까? 지금까지 공룡들의 색깔을 살펴보면 티라노사우루스의 색깔이 그렇게 우중충하지만은 않았을 것이라는 생각을 해볼 수 있다. 하지만 우리는 티라노사우루스의 색깔에 대한 자료를 하나도 가지고 있지 않기 때문에 정확한 색깔에 대한 근거는 존재하지 않는다. 때문에 아직까지는 티라노사우루스의 색을 상상해볼 수밖에 없다.

9. 티라노사우루스가 살던 세상

모든 환경에는 그 환경 속에서 살아가는 생명체들이 존재하고, 그 생명체들과 외적 요인들이 다양한 영향을 주면서 하나의 거대한 생태계를 이루게 된다. 우리는 앞에서 티라노사우루스만을 살펴보았다. 하지만 영화는 주연뿐만 아니라 조연과 배경도 중요한 역할을 한다. 티라노사우루스가 발자국을 찍던 백악기 후기 북아메리카는 어떤 세상이었는지 살펴보자.

우리가 흔히 공룡이 나오는 다큐멘터리나 영화를 보면, 오늘날 대초원이나 우거진 숲속에서 공룡들이 뛰어다니는 장면들이 자주 나오곤 한다. 실제로 이러한 장면들은 기존에 다른 매체에서 나오는 장면들을 참고하여 나오는 장면일 수도 있지만, 이러한 부분 역시 전문가들의 조언을 통해 연출되는 장면이다(가장 웅장하면서도 평화로운 장면으로 제일 좋아하는 장면이다).

일단 환경을 알아보기 전에 당시의 장소가 어디였는지 알아야 한다. 우리의 주인공 티라노사우루스는 지금의 북아메리카 대륙에서 번성했던 공룡이다. 당시 북아메리카의 모습은 지금의 북아메리카의 대륙 형태와 완전히 다른 모습이었다. 그렇다면 우리가 직접 타임머신을 타고 과거를 가는 것처럼, 당시의 모습을 상상하며 읽어보자!

당시 북아메리카 대륙은 내해라는 구조라고 하여, 대륙 한가운데로 바다가 들어와 있었다. 이러한 지리적 구조는 현재와 완전히 다른 환경을 구성할 수밖에 없었고, 당시에 공룡들은 그 환경 속에서 알맞은 형태로 진화하였다.

그렇다면 티라노사우루스는 북아메리카에 정확히 어느 위치에서 자주 모습을 드러냈을까?

티라노사우루스가 자주 발견되는 지층의 이름은 미국 서부에 위치한 헬크릭Hell Creek이라는 곳인데, 이곳은 와이오밍주, 사우스다코타주, 노스다코타주, 몬태나주를 걸쳐 있는 거대한 지층이다. 주요하게 보이는 암질의 종류는 이암, 사암, 점토로 보이는데, 이로 미루어 봤을 때 당시의 환경은 온난하고 범람형의 하류 형태 지형을 가졌을 것으로 보인다.

이제 환경을 보면 주변 식물들이 눈에 들어오기 시작한다. 모든 환경에서 식물은 중요한 위치를 점하는 법, 티라노사우루스가 사냥하는 먹이 대부분이 초식 공룡임을 감안하면 식물은 이미 자연 속에서 매우 중요한 위치에 있는 것이다. 근데 어찌 식물들의 모습을 보니 익숙한 형태의 식물들이 보인다. 만약 머릿속으로 '어? 이건 그 식물 아닌가?' 한다면 맞을지도 모른다. 중생대 백악기라고 하면 상당히 멀리 떨어진 과거의 이야기 같지만, 이곳에서도 현대의 감수성을 식물로서 느껴볼 수 있다.

헬크릭 지층에서 발견되는 식물 화석으로는 은행나무와 목련이 있고, 세쿼이아, 야자나무, 고사리, 심지어는 의료 약품이나 마약으로도 유명한 대마 등이 발견된다. 이 목록에서만 보이는 식물들만 해도 우리가 등산이나 산책을 통해서 볼 수 있는 종들이 절반이 넘고, 전부 다 이름을 들어본 종들이다.

키 큰 세쿼이아들이 듬성듬성 고개를 내밀고 있고, 그 아래로는 은행나무와 목련, 야자나무들이 세쿼이아의 기세에 질세라 우뚝 서 있고, 길목에는 고사리들이 보이며 그 숲길 가운데로 들판과 강이 흐르는 그 환경이 바로 티라노사우루스가 뛰어 놀던 세상이라고 할 수 있다. 물론 간혹 들판에 자연 발화로 인한 불이라도 나서 대마가 있는 곳에 불이 번지면 그건 그것대로 끔찍한 환각 파티가 벌어지겠지만 말이다.

이제 주변의 다양한 식물들을 알아봤으니, 이 환경에서 티라노사우루스 말고도 어떤 동물들이 살았는지 알아볼 시간이다. 아까 식물 분포에서 현대의 감수성을 이끌어낸 종들이 존재했듯이, 동물에서도 현대의 감수성을 이끌 종들이 존재한다.

무척추동물로는 우리가 어릴 적 잠자리채를 들고 곤충 채집을 나갈 때 자주 보았던 딱정벌레, 파리, 나방, 실잠자리 등이 화석 기록으로 발견되었다. 또 척추동물로는 어느 강가에서도 흔히 볼 수 있는 물고기들은 물론이고, 민물 상어, 거대한 왕도마뱀, 앨리게이터 계통의 악어, 거북이와 자라, 도롱뇽과 개구리 등이 서식했을 것이라는 화석 자료가 보고되었다. 당장에 우리 주변의 환경은 아니더라도, 다큐멘터리나 열대우림 지역 등에서 자주 볼 수 있는 익숙한 동물 목록으로, 생각보다 거리감이 느껴지는 모습은 아니었을 것이다.

그리고 이 속에서 우리는 포유류의 자취를 만날 수 있었다. 사실 포유류는 공룡의 출연 시기와 엇비슷한 트라이아스기 후기에 모습을 함께 드러냈지만, 우연의 갈래로 중생대 중후반기에서는 공룡처럼 큰 덩치로의 진화를 이루어내지는 못했다. 실제로 중생대에 살았던 포유류들의 화석 기록을 보았을 때, 가장 큰 크기의 포유류는 너구리나 오소리 정도의 크기밖에 되지 않았다. 하지만 그럼에도, 중생대의 우리 포유류들은 나름대로 열심히 살아서 티라노사우루스와 함께 명함을 내밀 정도로 장하게 버텼다. 그래서 그렇게 오래 버틴 결과, 오랜 두 포유류가 티라노사우루스에 대해 서술하고 있다(이 책을 쓰고 있는 두 저자의 이야기이다).

이제 우리는 티라노사우루스가 어떤 지역, 환경, 식물, 동물들과 살았었는지 전체적인 틀은 잡을 수 있게 되었다. 그렇다면 이제 본격적인 메뉴에 들어갈 차례가 되었다. 과연 티라노사우루스와 함께 살았던 동물 중, 어떤 '공룡'이 티라노사우루스와 같은 환경에서 살았는가에 대해 알아볼 시간이다.

〈그림 9-1〉 알바레즈사우루스 일러스트

이 책의 주제가 티라노사우루스이고, 공룡을 다루는 것인 만큼, 공룡의 목록을 알아보는 과정에서는 수각류, 곡룡류, 각룡류, 조각류, 후두류, 검룡류, 용각류의 순서대로 알아볼 것이다.

먼저 수각류 공룡들에 대해 먼저 살펴보자면, 물떼새나 기러기와 같은 모습의 조류 공룡들이 물가에서 많이 보였을 것이다. 이들은 현대에 우리가 자주 보는 새들과 많은 연관성을 가진 공룡들이니, 현대 감수성을 이끌어낼 다소 친절한 친구들이라고 볼 수 있겠다.

* 하나의 외발톱, 알바레즈사우루스류

나름 독특한 외형을 가진 공룡이 하나 있는데, 알바레즈사우루스류 Alvarezsauridae에 속하는 공룡이다. 아직 이 공룡에 대한 정확한 명명이 없기 때문에 안타까울 뿐이지만, 이 공룡들은 앞발톱이 딱 하나

밖에 없던 독특한 공룡이다. 크기도 무릎 아래에 그치던 공룡들이라, 만약 헬크릭 숲속을 돌아다니다가 덤불이 움직이는 모습이 보인다면 이 친구들일 가능성이 크다.

* 헬크릭 버전 벨로키랍토르, 아케로랍토르

알바레즈사우루스류보다 조금 더 큰 수각류로 아케로랍토르 Acheroraptor라는 공룡이 있는데, 이 친구들은 이름에서 느껴지는 느낌이 있듯이 벨로키랍토르Velociraptor와 많은 연관성을 가지는 공룡이다. 실제로 크기도 비슷했고 해부학적 특징도 벨로키랍토르와 공유하는 부분이 있다. 다만 독자 여러분이 아케로랍토르와 대면한다면 조심하는 편이 좋다. 작은 크기의 공룡이라도 덩치 큰 칠면조 크기이므로, 충분히 큰 타격을 줄 수 있으니 주변의 나무 막대라도 들고 있는 편이 현명할 것이다.

일러스트레이터 김민구

〈그림 9-2〉 아케로랍토르 일러스트

* 〈쥬라기 공원〉 시리즈의 예언자, 다코타랍토르

다음 공룡은 다코타랍토르Dakotaraptor라는 이름을 가진 공룡으로, 크기가 영화 〈쥬라기 공원〉에 나오는 랍토르들과 비슷한 덩치이므로 이미 위험 수위는 최상위로 높은 공룡이라고 할 수 있다. 실제로 티라노사우루스를 제외하고 봤을 때. 헬크릭 지층에서 나름 상위에 위치하고 있는 포식자로 군림하고 있었고, 덜 자란 티라노사우루스들에게는 최고의 적이었을 것이다. 이 공룡들을 만나면 무사히 지나갈 수 있기를 **희망한다**(앞에서 언급한 '랩터는 쥬라기 공원에 등장하지 않았다'라는 부분에서 다코타랩터 역시 〈쥬라기 공원〉 랩터 후보에 들어간다).

일러스트레이터 김민구

〈그림 9-3〉 다코타랍토르 일러스트

* 전력 질주의 오르니토미무스와 스트루티오미무스

헬크릭 지층에는 조금 더 특이한 수각류들도 서식했는데, 바로 타조 공룡이라고도 불리는 오르니토미무스Ornithomimus나 스트루티오미무스Struthiomimus가 그에 적합한 주인공이라고 할 수 있다. 이들은 타조 공룡이라는 별칭에 맞게, 타조의 모습에 긴 꼬리와 긴 앞발을 붙인 듯한 외형을 하고 있다. 물론 타조의 덩치보다 2배는 더 되는 동물들이라 다소 거리감이 들지도 모르지만, 심기를 건들지 않는다면 이들은 온화하게 갈 길을 갈 것이다. 이들은 그 날렵한 몸에 걸맞게 시속 약 50~60㎞로 달릴 수 있어서, 다 자란 티라노사우루스보다는 다코타랍토르나 아성체 티라노사우루스들이 노려볼 먹이라고 할 수 있다. 상상만 해도 정말 멋진 광경이 아닐 수가 없다. 저 넓은 벌판에 석양을 등지고 달려가는 타조 공룡 무리라니, 마치 판타지 세상에 온 기분일 것이다.

일러스트레이터 김민구

〈그림 9-4〉 스트루티오미무스 일러스트

* 술자리에는 안주

타조 공룡들이 지나가는 저 뒤편으로는 독특한 볏을 가진 공룡이 걸어가고 있다. 이 공룡은 안주Anzu라는 이름을 가진 공룡으로, 이름이 안주라서 술자리를 연상시키는 공룡이지만 사실 메소포타미아 신화에 등장하는 괴조 안주의 이름을 따온 학명이다. 크기는 아까 지나간 타조 공룡들과 비슷한 체격을 가지고 있었으며, 부리의 형태를 보았을 때 식물성 먹이는 물론이고 곤충이나 작은 동물을 잡아먹는 잡식형의 식성을 가진 것으로 보인다.

일러스트레이터 김민구

〈그림 9-5〉 안주 일러스트

* 중무장한 탱크, 안킬로사우루스

이제 우리는 강가에서 느릿느릿 걸어 다니는 곡룡류 공룡들을 만나 보러 갈 차례다. 일단 우리가 먼저 만날 곡룡류 공룡은 꼬리 끝에 60 ㎏의 뼈로 뭉친 곤봉과 가지런한 등갑으로 무장한 안킬로사우루스 Ankylosaurus가 바로 우리의 첫 주인공이라고 할 수 있겠다. 길이는 약 6~9m, 무게 약 4~7t. 안킬로사우루스는 고생물학자들 사이에서 중생대의 탱크라고 불릴 정도로 매우 중무장한 공룡으로, 티라노사우루스가 다가와도 최적의 상태로 방어할 기술들을 보유하고 있다. 꼬리 끝에 곤봉으로 티라노사우루스의 다리를 노린다면 티라노사우루스는 아마 큰 골절상을 입을 것이고, 튼튼한 갑옷은 티라노사우루스에게 기회의 틈을 내어주지 않는다.

물론, 티라노사우루스가 무는 힘 정도면 이 갑옷도 위험할 수 있겠다만, 안킬로사우루스의 외형은 앞에서 봤을 때 더블 햄버거의 모습으로 티라노사우루스가 측면을 공격할 때도 어려움을 겪을 외형을 하고 있다. 물론 머리를 급습하면 되겠지만, 티라노사우루스 입장에서 어디 사냥이 마음대로 흘러가겠는가 말이다. 필자가 티라노사우루스였다면, 목숨을 걸고 이 탱크를 상대하느니 다른 먹이를 찾아 떠났을 것이다.

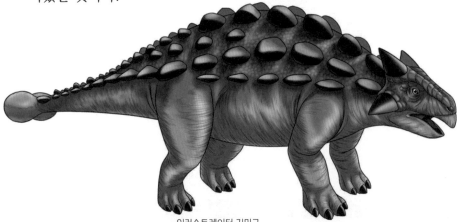

일러스트레이터 김민구

〈그림 9-6〉 안킬로사우루스 일러스트

* 뾰족한 가시 지뢰 에드몬토니아

안킬로사우루스 하나도 티라노사우루스에게 벅찬데 헬크릭에는 곡룡류 공룡이 더 살고 있었다. 바로 에드몬토니아Edmontonia가 그 주인공이다. 에드몬토니아는 안킬로사우루스보다 조금 작은 크기의 곡룡류 공룡으로, 꼬리 끝을 곤봉으로 무장하지는 않았지만 측면으로 길게 뻗은 가시가 매우 위협적인 방어 기작으로 사용된 것으로 추측된다. 등의 갑옷도 매우 뾰족한 편이라서, 여전히 티라노사우루스에게 어려운 먹이였다.

한 가지 독특한 점이 있다면, 안킬로사우루스와 에드몬토니아는 하나의 큰 곡룡류라는 집단에 포함되지만 안킬로사우루스는 안킬로사우루스과, 에드몬토니아는 노도사우루스과Nodosauridae에 속하기 때문에 같은 곡룡류임에도 혈연적 관계는 다소 멀었다. 또한 세부적인 해부학적 특징도 달랐으며, 안킬로사우루스는 주둥이가 널찍하여 다양한 식물을 섭취할 수 있었으나 에드몬토니아는 좁은 주둥이를 가지고 있어 둘은 조금 다른 생활상을 가졌을 것이다.

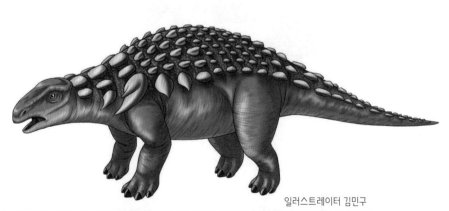

일러스트레이터 김민구

〈그림 9-7〉 (a) 에드몬토니아 일러스트

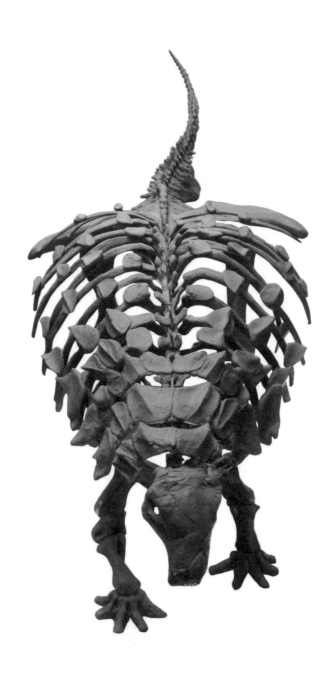

〈그림 9-7〉 (b) 에드몬토니아의 골격

* 벼랑 위에 렙토케라톱스

다음 후보는 머리의 뿔로 유명한 각룡류 공룡들을 알아볼 차례다. 사실 백악기 후기의 각룡류라고 하면, 대부분 덩치가 코끼리만큼 크고 긴 뿔을 가졌을 것이라고 상상하는 게 대부분이지만, 헬크릭에서는 별난 각룡류 공룡이 하나 살았다. 그 이름은 바로 렙토케라톱스 Leptoceratops라고 하는 각룡이다. 이 각룡은 매우 원시적인 해부학적 특성을 가진 공룡으로, 크기도 2m 정도에 오늘날의 양 정도의 크기에 불과했다. 그럼에도 이 원시적인 특성을 가진 렙토케라톱스가 백악기 후기까지 살아남았던 이유가 무엇일까?

2016년에 캘리포니아주 클레몬트 박물관의 고생물학자 앤드류 파크가 보고한 연구 결과에 따르면, 렙토케라톱스는 주둥이가 짧고 아래턱이 크고 튼튼했는데, 작은 프릴 주변으로 근육이 많아 튼튼한 섬유질의 식물도 가리지 않고 먹을 수 있었을 것이라고 한다. 이러한 식습관이 렙토케라톱스가 백악기 후기까지 살아남을 수 있던 방법이 아닐까?

일러스트레이터 김민구

〈그림 9-8〉 렙토케라톱스 일러스트

*세뿔돼지, 트리케라톱스

이제 렙토케라톱스를 만났으니, 우리에게 가장 익숙한 각룡을 만날 차례가 되었다. 바로 트리케라톱스Triceratops가 그 주인공이다. 트리케라톱스는 정말로 유명한 공룡이다. 티라노사우루스 말고도 다른 공룡의 이름을 안다면, 그건 바로 트리케라톱스라고 해도 과언이 아니다. 머리에 솟은 2개의 창 같은 뿔과 코끝으로 솟아난 뿔, 코끼리에 필적할 덩치. 그야말로 각룡을 상징하는 대명사라고 할 수 있다.

하지만 이러한 방어 수단을 가졌음에도 트리케라톱스는 티라노사우루스가 상당히 좋아하던 먹이 중 하나였다. 실제로 트리케라톱스의 골반이나 프릴 화석 중에서 티라노사우루스의 습격으로 손상된 화석들도 있었던 것을 보면 티라노사우루스도 매우 위험한 사냥이 될 것을 알면서도 그 고기 맛을 알고 포기하지 못한 것 같다.

〈그림 9-9〉 트리케라톱스 턱 사진 지질박물관

〈그림 9-10〉 트리케라톱스 골격 사진 국립중앙과학관

* 세 개의 뿔과 거대한 방패, 토로사우루스

헬크릭 지층에서는 트리케라톱스와 비슷한 외형의 각룡류 공룡이 하나 더 살았는데, 바로 토로사우루스Torosaurus라는 공룡이다. 토로사우루스의 두개골은 무려 3m에 이를 정도였고, 중세 시대에 긴 창과 방패를 든 기사단을 연상시킬 외형을 가지고 있었다. 이 프릴의 외형을 제외하고 봤을 때 트리케라톱스와 판박이일 정도로 외형이 비슷한데, 그러한 이유 때문인지 한때 고생물학자 존 호너가 토로사우루스는 트리케라톱스의 완전한 성체라는 주장을 내세울 정도였다. 물론 이 주장은 현재 새끼 토로사우루스의 화석이 보고되면서 잠잠해졌지만 말이다.

* 마루 밑 테스켈로사우루스

그다음에 우리가 만날 공룡은 조각류 공룡으로, 공룡이라는 이미지를 떠올렸을 때 가장 대중적으로 생각할 기본적인 이미지를 가진 공룡들이 대부분 이 조각류 공룡에 포함된다.

먼저 헬크릭 환경의 숲속이나 초원 언저리를 이리저리 둘러보면 여기저기를 활보하며 돌아다니는 공룡이 있을 것이다. 이들이 바로 우리가 첫 번째로 알아볼 조각류 공룡인, 테스켈로사우루스Thescelosaurus다. 약 3~4m, 300kg 정도의 크기를 가진 테스켈로사우루스는 사람의 입장에서 볼 때 나름 큰 덩치를 가진 공룡이지만, 당시에 서식하던 육식 동물의 입장에서는 더할 나위 없는 좋은 크기의 먹이였기 때문에 육식 동물들의 좋은 단백질 공급원으로 작용되었을 것이다.

〈그림 9-11〉 토로사우루스 일러스트

〈그림 9-12〉 테스켈로사우루스 일러스트

* 진격의 에드몬토사우루스

테스켈로사우루스를 보고 나니, 저기 강가에서 어느 공룡 무리가 올라오고 있는데, 그들의 덩치는 무려 티라노사우루스에 필적한다!

그들의 이름은 에드몬토사우루스Edmontosaurus다. 티라노사우루스와 비슷한 크기를 가진 공룡으로, 앞서 소개한 안킬로사우루스나 트리케라톱스처럼 특별한 생체 방어 기작은 없어도 튼튼한 꼬리 근육과 덩치로 티라노사우루스에게서 자신을 지킬 수 있는 공룡들이다. 물론 그럼에도 티라노사우루스는 에드몬토사우루스의 고기 맛이 매혹적이었는지, 에드몬토사우루스들이 티라노사우루스의 습격을 당한 흔적들이 여러 화석 기록으로 나타나고 있다. 에드몬토사우루스는 조각류 공룡들 중에서 하드로사우루스과Hadrosauridae에 속하는 공룡으로 오리주둥이의 머리를 가진 것이 특징이다. 또한 입안으로는 수백 개의 자잘한 이빨들이 모인 '치판'이 있어서, 먹이를 효과적으로 씹어 먹은 것으로 보인다. 이를 통해 에드몬토사우루스뿐만 아니라, 하드로사우루스과의 공룡들이 전 지구적으로 넓게 번성할 수 있던 이유가 이러한 요인 덕분이라고 학자들은 추측하고 있다.

일러스트레이터 김민구

〈그림 9-13〉 에드몬토사우루스 일러스트

*박치기 쿵쿵쿵, 파키케팔로사우루스

에드몬토사우루스의 무리 너머에서 독특한 머리 모양을 한 공룡들이 보이는데, 이 공룡들은 후두류라고 불리는 공룡 집단으로 후두류라는 이름에 걸맞게 이 집단에 속하는 공룡들의 두개골 뒤편에는 특이한 머리 구조가 발달되어 있다. 헬크릭 지층에서는 그중 가장 크고 유명한 파키케팔로사우루스Pachycephaloaurus가 번성했다.

이들의 몸길이는 약 5m에 무게는 450㎏ 정도로, 다코타랍토르와 비슷한 체격으로 중형 육식 공룡들의 좋은 단백질 공급원이었겠지만, 그렇게 만만한 상대는 아니었을 것이다. 바로 20~30㎝에 이르는 돔 형태의 머리 구조가 자신을 지키는 방어 수단으로 사용되었다는 것인데, 실제로 이 주장에 관해서는 아직도 여러 가지 의견이 나오고 있다. 단순히 자신을 멋지게 보이려는 수단이거나, 동족 간의 경쟁에서만 사용한다는 식으로 말이다. 물론, 전부 다일 가능성도 있겠지만 말이다.

원래 헬크릭에는 파키케팔로사우루스뿐만 아니라 스티기몰로크Stygimoloch와 드라코렉스Dracorex라는 후두류도 함께 번성했으나, 요근래에 이 둘의 비중은 사실상 줄어든 편이다. 이 두 후두류 공룡의 두개골을 비교 분석한 결과, 파키케팔로사우루스의 미성숙한 개체였을 것이라는 연구 결과가 있었기 때문이다. 실제로 이 주장은 현재 받아들여지면서, 우리가 이들의 이름을 만날 수 있는 곳은 〈쥬라기 월드〉와 같은 SF 장르의 매체들이 전부가 되었다.

다음으로 검룡류 공룡과 용각류 공룡들을 살펴보고 싶지만 헬크릭 환경의 그 어디를 둘러봐도 등에 지붕 모양의 골판과 꼬리 골침을 가진 검룡류 공룡과 긴 목에 큰 덩치를 가진 용각류 공룡은 도무지 찾을 수 없다! 이는 안타깝게도 두 공룡은 백악기 극 후반기를 달려오며 변화하는 환경에 종 다양성이 따라가지 못했고, 헬크릭을 제외한 전체 대륙을 비교했을 때 쥐라기나 백악기 초기처럼 종 다양성이 크지 못했다.

그래서 여러 대중 매체에서 알려지는 모습과 달리, 티라노사우루스는 검룡류 공룡과 용각류 공룡을 일생 동안 보지 못하고 살았을 것이다. 이건 누구의 잘못도 아니다. 그냥 단순히 티라노사우루스를 포함한 헬크릭 생태계의 생명체들이 그 당시 환경에서 잘 적응할 수 있도록 우연히 그렇게 진화의 길을 탄 것 뿐.

또한 그렇기에 우리의 주인공 티라노사우루스는 당시의 최상위 포식자로서 생태계의 정점에서 군림할 수 있었다.

그렇다면 백악기의 환경은 어땠을까?

백악기는 영어로 Cretaceous로 Creta는 라틴어로 백악을 뜻한다. 여기서 백악은 하얀 암석으로 분필과 같은 성분으로 이루어진 암석, 즉 초크를 말한다. 이러한 백악은 석회질 껍질을 가진 생물들이 죽어서 생긴 암석으로 대부분 석회암으로 이루어져 있다(여기서 재미있는

〈그림 9-14〉 파키케팔로사우루스 두개골 사진

〈그림 9-15〉 칭다오사우루스 골격 사진

점은 염산과 석회암이 만나게 되면 거품을 일으키는 화학반응을 일으킨다는 것이다. 때문에 지질조사를 나가서 석회암을 확인하는 방법으로 소량의 염산을 가지고 다니기도 한다).

현재 지구의 모습은 5개의 대양과 6개의 대륙으로 이루어져 있다. 하지만 백악기에는 지구의 모습도 지금과는 많이 달랐다. 대서양이 영역을 확장하고 있었으며, 커다란 하나의 대륙이었던 곤드와나가 여러 대륙으로 쪼개졌다. 이것은 각각 남극과 오스트레일리아, 인도와 아프리카, 남아메리카가 되었다. 이러한 이동은 자연스럽게 화산활동으로 이어졌다(판구조론에 의해서 판이 섭입과 생성을 하게 된다면 화산활동이 발생할 수 있다). 이렇게 초대륙이 쪼개지기 시작하면서 해수면은 높아졌고 많은 저지대들이 물에 잠긴 것으로 알려져 있다.

백악기는 속씨식물이 나타난 시기이기도 하다. 이전까지 식물은 겉씨식물로 백악기에 이르면서 식물이 한 번 더 진화를 하게 된 것이다. 이런 식물 위를 티라노사우루스를 비롯하여 앞에서 언급한 공룡들이 걸어 다녔다. 이렇게 시끄러운 육지만큼 바다 역시 무시무시한 생물들로 가득했다. 당시(백악기 후기) 바다에는 영화 〈쥬라기 월드〉로 유명해진 모사사우루스가 등장했다. 그리고 그 사이를 요리조리 피하면서 암모나이트가 떠다니고, 많은 물고기들과 새 그리고 극피동물들이 바다에 살고 있었다.

아마 우리가 당장 백악기에 살게 된다면 육지는 무시무시한 포식자들로 가득 차 있어서 음식을 찾기 바쁠 것이고, 바다에서 배를 띄워

고기를 잡으려고 해도 모사사우루스와 같은 해양 파충류들이 있어 어려울 것이다. 우리에게 백악기는 그다지 평화롭게 살기에 적합한 시대는 아닌 듯하다.

〈그림 9-16〉헬크릭층 공룡들

10. 티라노사우루스의 삶 (성장 단계)

우리에게 티라노사우루스는 거대한 모습의 수각류로 커다란 포효를 뿜어내는 모습만이 기억되고는 한다. 하지만 인간에게도 사진으로만 존재할 것 같은 귀여운 어린 시절이 있듯이 티라노사우루스에게도 그런 어린 시절이 있었을 것이다.

우리는 필연적으로 성장한다. 외적으로나 내적으로나 말이다. 그리고 우리는 성장을 통해서 세상을 살아가는 데 필요한 내공을 축척한다. 이는 야생에서 살아가는 동물들도 똑같다. 우리는 여기서 티라노사우루스가 어떤 방식으로 성장했는지 알아보고자 한다.

하지만 티라노사우루스 같은 동물은 고생물로서, 현생 동물처럼 관찰을 통해 생활상을 알아내는 것은 불가능하다. 그래서 고생물의 경우에는 현재 살아가는 동물들 중에서 생활 패턴이 비슷한 종들을 종합해서, 그 패턴들 중에서 나름 신빙성이 높은 경우들을 빗대어 추측한다. 쉽게 말해서 과학적 상상력을 펼쳐 생활상을 알아보는 것이다.

물론 이는 사람들의 견해에 따라 여러 가지 시나리오가 나올 수 있으니, 이 책에서 소개하는 시나리오도 많은 이야기 중에서 하나가 될 수 있다. 독자 여러분들도 과학적 상상력을 기반으로 각자의 이야기를 써볼 수 있다!

공룡은 파충류에 속하는 동물군으로, 모든 공룡은 알에서부터 시작된다. 하지만 그냥 땅바닥에 알을 낳았을까? 그랬을 수도 있겠지만 티라노사우루스는 그렇지 않았을 것이라고 본다. 보초를 서는 부모가 있다고 한들, 알은 야생에서 공격받기 가장 쉬운 성장 단계라고 볼 수 있다. 오늘날 둥지를 짓는 동물들 중에서 티라노사우루스가 지었을 법한 방식으로 둥지를 짓는 후보군을 보자면, 대표적으로 무덤새나 악어의 경우가 있다. 일단 무덤새는 이름에서부터 알 수 있듯이, 둥지를 무덤 모양으로 짓는다고 하여 이러한 이름을 얻게 되었다. 먼저 좋은 터를 잡으면 흙으로 둥지 기반을 다지고, 그 기반에 알을 낳고 다시 그 위에 흙이나 나뭇가지를 쌓아 올려서 알을 보이지 않게 둥지를 완성시킨다. 이는 악어도 마찬가지다.

물론 이러한 형태의 둥지도 도굴꾼이 알을 가져가겠답시고 마음을 먹고 둥지를 파면 어쩔 수 없겠지만, 일단 알이 내부에 있는 만큼 알을 가져갈 시간도 연장되고 따라서 보초를 서는 부모에게 걸릴 확률도 높아진다. 장점은 이뿐만이 아니다. 주변 환경 자체에 잘 동화되어 적의 눈에도 안 걸릴 확률도 있고, 돔 형태의 둥지는 외부의 환경에 크게 노출될 일이 적어서 열을 보존하고 방출하는 것에 있어서 큰 이점을 가지고 있다. 만약 보존과 방출 둘 중 한쪽에서 너무 지나치게 공기 순환이 이루어지고 있다면 둥지 외벽으로 보수 공사를 더 진행하기만 하면 그만이다.

하지만 아무리 안전한 둥지라고 해도 야생에서 완벽한 안전은 없는 법. 티라노사우루스는 새끼가 스스로 알을 까고 나올 때까지 둥지 주변에서 보초를 섰을 것이다. 부모가 둘 다 있을 경우에는 아마 번갈아가며 교대 근무를 섰을 것이고, 어쩌면 한 개체만 둥지를 지키며 남은 하나는 먹이를 운반하는 보급품 운반을 담당했을지도 모른다.

이렇게 부모의 진심 어린 돌봄을 통해서 새끼들은 무사히 알에서 부화해 부모와 만나고 넓은 세상에 발을 올릴 것이다. 하지만 이제 겨우 하나의 작은 고비를 넘은 것이다. 앞으로의 도전 과제들은 훨씬 더 혹독할 것이다. 갓 태어난 티라노사우루스는 아마 혼자 다니지 않고, 부모의 양육을 통해 일정 크기로 자랄 때까지는 부모가 보호했을 것이다. 이는 실제 화석 기록들을 통한 과학적 상상력이라고 볼 수 있는데, 근연종인 앨버토사우루스의 경우 1910년에 20마리 정도가 무더기로 발견된 사례가 있었는데, 약 2m에서 10m에 이르는 개체까지 다양한 크기의 개체들이 함께 발견되었다고 한다. 그리고 앞서 소개한 티라노사우루스 '수' 역시 3마리의 더 작은 티라노사우루스 개체들과 함께 발견되었다.

물론 이러한 화석상의 기록을 통해서 바로 결론을 지을 수는 없다. 이들이 어떠한 목적을 가지고 일시적인 무리를 형성했을 수도 있고, 그냥 우연의 사건으로 별 연관성 없는 자리였는데 한꺼번에 죽음을 맞이한 경우일 수도 있다. 하지만 위에서도 밝혔듯이 이러한 기록들을 통해서 우리는 다양한 추측을 해볼 수 있게 되었고, 공룡의 육아라는 항목까지 고려할 수 있게 된 것이다.

각설하고, 유아기 시절의 티라노사우루스는 50㎝도 안 되는 작은 크기였을 것이며, 방어를 할 만한 신체적 수단도 없기 때문에 부모가 여러 가지로 신경을 가장 많이 쓸 시절일 것이다. 제 아무리 먹이사슬 정점에 있는 포식자라고 해도, 모든 동물들이 그렇듯 어린 시절에는 야생의 그 모든 것들이 위험 요소라고 해도 과언이 아니다. 특히 아케로랍토르나 다코타랍토르 같은 드로마에오사우루스 계통의 육식 공룡들이 입에 침을 흘리며 노렸을 것이다. 실제로도 2살 때까지 티라노사우루스들의 사망 가능성은 매우 높았을 것이다.

그래서 이 시절에 새끼 티라노사우루스들은 멀리 나가기보다는 둥지 주변의 환경들을 돌아보면서, 더 넓은 세상으로의 꿈을 키웠을 것이다.

그렇게 1~2년의 시간이 흐르면 어느덧 새끼 티라노사우루스는 사람의 허리나 어깨 정도의 높이로 성장할 것이다. 이 시점에서부터 아마 부모는 새끼의 독립 준비를 내다보고 있을 것이다. 점점 둥지

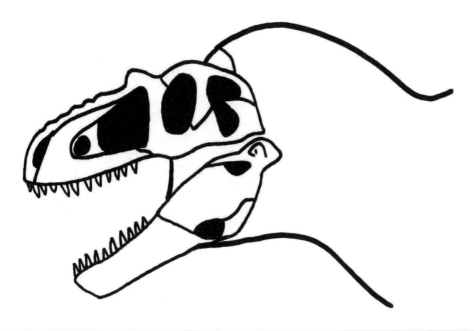

〈그림 10-1〉 알베르토사우루스 골격도

밖에서 멀리 산책을 나가기도 하고, 부모와 함께 사냥 실습도 다니고, 주변 환경들을 더 꼼꼼히 보는 야생에서 살아가며 배우는 내공들을 전수 받았을 것이다.

그리고 3~5세 즈음에 부모와 거리를 두었을 것이다. 육아를 하는 대부분의 파충류들이 그렇듯, 티라노사우루스도 새끼가 다 성장하는 모습을 보지 못하고 독립시켰을 것이다.

사실 이러한 방식은 전체 개체 수의 양상을 고려하자면 꽤나 유리한 방식인데, 새끼들을 빨리 독립시키고 다른 짝이나 기존의 짝과 다시 교미를 통해 새끼를 양성시키면 일종의 개체 수 증식 보험에 도움이 되는 것이다. 물론 야생의 세계에서 새끼 모두가 살아남을 가능성은

〈그림 10-2〉 티라노사우루스 스탠의 싸움 장면

불가능에 가깝겠지만, 자신의 후대가 여러 갈래로 나뉘어서 대를 이어갈 수 있다면 후대 양성에는 성공한 것이라고 볼 수 있다.

그렇게 부모에게서 독립한 티라노사우루스는 야생의 세계에 본격적인 첫 발을 올리는 것이다. 사람으로 따지면 파릇파릇한 청소년기즈음 아성체의 단계일 터, 그렇다면 이 나이 때의 티라노사우루스들은 어떻게 살아갔을까?

어쩌면 부모가 지내는 영토의 외곽이나 근접한 지역에서 터를 잡았을지도 모른다. 부모의 영토 근처에서 생활하면 다른 경쟁자들이나자신보다 훨씬 위험한 포식 동물을 만날 가능성도 적고, 부모가 그지역을 영토로 삼았다는 것은 다양한 먹이 활동을 하는 것에 있어서 큰 어려움이 없을 수도 있다는 것이다. 물론 이는 부모가 독립한 새끼들을 경쟁자로 간주하지 않았을 때를 가정하고 보는 말이라, 만약 부모가 독립시킨 새끼들을 경쟁자로 취급한다면 새끼들은 더 머나면 지역으로 자리를 이동했을 것이다.

그리고 형제자매들이 함께 있다면, 함께 다니면서 생활했을지도 모른다. 야생의 세계에서 함께 다닌다는 것은 든든한 지원군이 있다는 것이고, 같은 핏줄로 이어진 점에서도 서로의 생존 가능성도 높여줬을 것이다.

청소년기의 티라노사우루스는 또한 성체와 달리 민첩하게 움직일 수 있는 몸의 형태를 갖추고 있다. 그래서 거대한 덩치의 사냥감보다는 더 작고 빨리 움직이는 사냥감을 주로 사냥했을 것이다. 실제로 10세 전까지 티라노사우루스의 성장 비율은 그렇게 크지 않은데, 메릴랜드대학교의 고생물학자 토마스 홀츠 박사는 이러한 성장 단계가 각 연령 때에 그나마 다른 형태의 먹이를 먹으며 먹이사슬의 균형을 유지하는 것에 조금의 도움이 되었을 것이라고 말한다.

시간이 흐르고 어느덧 청소년기의 후반기를 달리게 된 티라노사우루스. 이 정도 나이에 접어들면 놀라운 일이 일어난다. 이 시점의 티라노사우루스의 성장 그래프를 보면, 거의 수직 상승의 그래프 형태를 가지며 폭풍 성장하게 되는데, 정말 빨리 성장할 때는 하루에 약 2kg 가량 덩치를 키운다고 한다. 점점 몸이 육중해지면서 몸이 가벼운 먹이들에는 점점 관심을 줄일 것이고, 트리케라톱스나 에드몬토사우루스 같이 덩치가 큰 먹이들에 눈을 돌릴 것이다.

이 시점의 티라노사우루스는 아성체를 넘어 준성체의 단계에 올라온 것이며, 성장의 막바지 단계에 올라온 것이다. 10m에 근접한 길이로 몸이 크게 불고, 더 이상 아케로랍토르나 다코타랍토르는 눈에 들어오지도 않을 위협 요소이며 오히려 먹이로 간주해도 될 정도일 것이다.

무사히 성체가 된 티라노사우루스. 다 자란 티라노사우루스는 자신의 부모가 그랬던 것처럼 하나의 영토를 잡고 그 지역에서 최상위 포식자로 군림했을 것이다. 하지만 다 자란 티라노사우루스에게도 도전자는 존재했다. 모든 최상위 포식자들에게는 같은 동족이 경쟁 상대이며 심할 경우 서로에게 물리적 피해를 가할 정도로 싸웠을 것이다. 마치 오늘날 사자나 호랑이처럼 말이다.

실제로 다 자란 성체 티라노사우루스끼리 심한 육탄전을 벌였을 것이라는 화석 기록이 존재하는데, 대표적으로 '스탠'이라는 별칭으로 유명한 티라노사우루스 화석을 보면 두개골에 다수의 구멍이 관찰되었고, 목뼈 2개는 봉합된 상태였으며 몸의 상태도 외부의 피해를 받은 흔적이 있었다.

티라노사우루스와 같이 거대한 육식 공룡에게 골격 부위까지 피해를 입혔을 동물은 당시에 같은 티라노사우루스밖에 없었다. 아마 스탠은 살아생전에 동족과의 치열한 몸싸움이 있었고, 위에서도 언급했듯이 상처 부위가 봉합되었다는 것을 보면 싸움에서 목숨을 건지고 살아남은 것으로 추측된다.

이러한 육식 동물들의 육탄전을 화석 기록으로 볼 수 있는 것은 고생태학적으로 매우 중요한 사례라고 할 수 있다. 실제 대형 동물들의 경우들을 보면, 몸으로 직접 싸우는 경우보다 탐색전으로 싸움을 하는 경우도 있는데, 이는 서로 간의 강점과 약점을 너무 잘 알기 때문이다. 또 단 한 번의 일격으로 상대를 끝낼 수 있어도 잘못된 실수로 자신이 단 한 번의 일격으로 끝날 수 있기 때문이다. 그럼에도 이들이 이러한 활동을 했다는 기록을 통해서 우리는 티라노사우루스의 삶에 한층 더 다가갈 수 있게 되었다.

이제 성체가 된 티라노사우루스는 생명체가 완수해야 할 중요한 과제를 해야 하는데, 그것은 자신의 유전 정보를 후대에 전해 주는 번식의 과정을 완수해야 한다.

모든 동물들은 자신의 유전 정보를 후대에 길이 전하기 위해서 여러 가지 노력을 한다. 극락조와 공작 같은 새들은 야생에서 자신이 지나치게 화려해서 생존에 불리할 경우를 감수하면서까지 암컷에게 선택받기 위해 장식을 크게 불렸고, 사람의 경우 예쁜 꽃이나 선물을 통해 자신의 마음을 전해 주기도 한다. 그러면 티라노사우루스만의 프러포즈는 어땠을까?

가장 기본적이며 무난한 방법은 자신이 사냥한 먹이를 암컷에게 선물해 주는 것이다. 물론 조그마한 먹이로는 암컷이 신경도 안 쓸 것이니, 자신의 강력함을 증명할 정도로 큼지막한 먹이를 사냥해서 선물해 주었을 것이다. 물론 최종 선택은 암컷의 몫이다.

아니면 구애의 춤이라는 방법도 있다. 트럭보다 큰 공룡들이 무슨 구애의 춤이냐며 이상하게 생각할 수도 있겠지만, 실제로 대형 육식 공룡들이 구애의 춤을 췄을 것이라는 기록도 있다. 2016년 1월 초에 학술저널인 〈사이언티픽 리포트〉에 올라온 내용 중에서, 미국 콜로라도주내 서부 델타 국립보존지구와 동부 공룡 골짜기 부근에서 흥미로운 공룡 발자국 화석이 발견되었다.

이 발자국 화석의 형태와 오늘날 새의 발자국 화석들을 비교 분석한 결과, 물떼새나 타조가 발을 구르며 구애하는 형태처럼 보여 거대한 육식 공룡들도 이러한 춤을 통해 짝을 결정했다는 것이었다. 물론 이 발자국 화석의 연대는 티라노사우루스가 등장하기 전의 지층이라서 티라노사우루스가 구애의 춤을 췄을 것이라는 직접적인 증거는 아니지만, 우리는 이러한 화석 기록을 바탕으로 다양한 상상의 나래를 펼쳐볼 수 있다.

실제로 티라노사우루스와 사촌 관계를 이루는 대형 육식 공룡, 타르보사우루스Tarbosaurus에게서 독특한 피부 흔적화석에 대한 이야기가 있다. 『Encyclopedia of Dinosaurs』와 『Eggs, Nests and Baby Dinosaurs』라는 책에 따르면 이 피부 흔적화석은 칠면조나 닭의 턱 아래로 늘어진 피부 조직이 타르보사우루스에게도 있었을 가능성을 시사했다. 더 넓게 나가서, 어쩌면 군함조처럼 이 조직에 공기를 넣어 자신을 과시하는 용도로 사용했을지도 모른다. 하지만 안타깝게도 이 흔적화석은 파손되어 현재로서는 새로운 표본이 나오지 않는 이상 더 연구될 방법이 없는 것으로 보인다.

이런 여러 가지 구애를 통해 짝으로 맺어진 한 쌍의 티라노사우루스는 자신의 부모가 그랬던 것처럼 둥지를 틀고 알을 낳아 새끼를 기르는 방식을 다시 순환하게 될 것이다. 그리고 그들의 새끼들도 성체가 되어 부모가 그런 것처럼 다시 그 행동을 반복할 것이다. 이것이 생명체가 가지는 숭고한 종의 보존 행위이며, 지구가 살아 숨 쉰다는 것을 증명한다. 티라노사우루스도 결국 자연의 규칙 아래에 살아가는 하나의 존재 중 하나인 것이다.

그렇다면 이제 한 가지 궁금한 점이 생길 수도 있다. 이들의 삶이 이렇다면, 티라노사우루스의 평균 수명은 몇 년이었을까?

플로리다 주립대학교의 그레고리 에릭슨 박사와 앨버타대학교의 필립 커리 박사가 2006년에 발표한 티라노사우루스과 공룡들의 성장과정에 대한 생존율에 대한 논문에 따르면 독특한 점이 있었는데, 성적으로 성숙한 티라노사우루스들의 절반 정도가 6년을 넘기지 못하고 대부분 사망했던 것으로 보인다고 한다.

이는 여러 생명체가 그렇듯, 티라노사우루스 역시 후대 양성에 대한 일종의 스트레스나 외적인 요인으로 인한 것으로 보인다고 한다. 그래서 이러한 자료를 통해 티라노사우루스의 평균 수명을 가늠해 보자면 가장 장수한 티라노사우루스의 경우 28~30세 가량이었고, 티라노사우루스의 평균 수명은 20대 중후반에서 30대 초반 정도로 가늠해 볼 수 있다.

물론 이러한 추측 역시 새로운 표본이 나오면 언제든지 수정이 가능한 부분이고, 어쩌면 이 책을 읽는 독자 여러분 중에서 미래의 고생물학자를 꿈꾸는 독자가 있다면 열심히 공부해서 새로운 주장을 발표하게 될지도 모른다!

11. 티라노사우루스는 왜 멸종했을까?

지구 역사 46억 년, 생물이 처음 등장한 이후로 명왕누대, 시생누대, 고생대, 중생대, 신생대(누대는 대보다 더 큰 시대의 단위다)로 나누어지며 그 가운데 총 5번의 거대한 대멸종이 발생했다. 여기서 대멸종에 관해서 한번 정리해 보고 가려고 한다. 한 생물이 종 분화를 통해 탄생하게 되고, 종의 마지막 생존자가 죽게 되는 것을 멸종이라고 한다. 즉, 한 생물이 세상에서 완전히 사라지는 것을 말한다. 이런 멸종이 지구상에 존재하는 생물 종 75% 이상에서 나타나는 것을 대멸종 Mass Extinction이라고 한다. 엄청난 생물이 한 사건을 통해 죽음을 맞이하는 것이다. 대멸종에는 다양한 원인이 존재한다(해수면의 변화, 운석 충돌, 화산 폭발, 기후 변화, 초대륙의 형성 등등).

방학이 시작했던 어느 날, 나는 사람이 없는 캠퍼스를 하염없이 걷다가 문득 수업 시간에 배웠던 대멸종을 떠올렸다. 죽어 있는 벌레들을 보고 멸종을 떠올렸다는 게 이상할 법도 하지만 늘 '꿀벌들이 멸종하면 인간이 멸종한다던데……'라고 생각하며 살아가는 나였기 때문에 딱히 이상할 것도 없었다.

지금까지 일어났던 5번의 대멸종은 확실히 시대와 시대의 경계를 나누고 있다. 그 시대에 살던 생물이 다른 생물로 바뀌는 아주 큰 변화이기 때문에 잔혹하지만 매력적인, 하지만 더는 찾아오지 않았으면 하는 과거라고 생각했다. 우리는 아마도 미래가 궁금하기 때문에 과거가 궁금한 것이 아닌가 싶다. 동일과정의 법칙에 따라서 우리는 과거에 겪었던 일은 어느 정도 미래에도 비슷하게 겪을 것이라고 생각할 수 있으니까. 본격적으로 중생대 대멸종에 대해 알아보기 전에 지사학에서 사용하는 기본적인 법칙들을 살펴보자.

*동일과정의 법칙

동일과정의 법칙은 대표적인 지사학법칙 중에 하나다. 1795년 제임스 허튼은 『지구의 이론』이라는 책에서 과거에 일어났던 일은 현재에도 일어난다는 이론을 발표했다. 즉, 동일한 과정이 반복된다는 것이다. 또한 작은 변화들이 모여서 큰 변화를 만들어 낸다는 내용도 동일과정의 법칙에 해당한다.

*지층누중의 법칙

지층누중의 법칙은 지층은 주로 수평으로 퇴적되는 경향을 보이며, 만약 특별한 사건을 겪지 않았다면 아래 지층이 위 지층보다 더 오래되었다는 법칙이다.

*동물군 천이의 법칙

동물군 천이의 법칙은 시대가 변하면서 생존하는 동물군에도 변화가 나타난다는 법칙으로 동물군의 천이가 시간에 따라서 발생했다는 것이다.

*부정합의 법칙

부정합은 위와 아래 연속된 지층 사이에 시간 간격이 존재하는 것을 말하며 부정합이 존재한다면 그 사이 침식이나 혹은 퇴적이 진행되지 않아 시간 공백이 존재함을 의미한다.

*관입의 법칙

마그마가 지하에서 지층을 뚫고 올라오는 것을 관입이라고 하며 이는 지층누중의 법칙에 예외가 발생할 수 있다. 즉, 관입한 암석이 관입을 당한 암석보다 더 젊다는 법칙이다.

그렇다면 티라노사우루스는 언제 멸종한 것일까?

5번째 대멸종은 백악기 말에 발생한 대멸종으로 모든 공룡과 암모나이트 같은 생물이 멸종한 사건이다. 거의 75%의 생물이 멸종하게 되면서 티라노사우루스 역시 이 시기에 멸종된 것이다.

하늘에서 엄청난 섬광이 지구에 가까워짐에 따라 한 시대의 종말이 다가옴을 본능적으로 알 수 있다. 소행성은 멕시코 남부 유카탄반도에서 지구와 충돌하였고 이는 엄청난 후폭풍을 일으킨다. 소행성이 지구에 충돌함과 동시에 지구에 깊이 30㎞의 엄청난 구멍을 만들자 땅에 있던 황, 이산화탄소와 같은 물질들이 분출되면서 대기로 방출되었고 하늘은 잿빛이 되면서 햇빛은 차단되었다. 기온은 엄청난 속도로 떨어짐과 동시에 거대한 쓰나미를 발생시켰다. 이런 상황 속에서 공룡들은 지구 역사상 가장 빠르게 일어난 대멸종의 폭풍에 휩쓸리게 되었다.

조금 더 자세히 상황을 살펴보기 전에 이것은 유카탄반도에 운석이 충돌하여 공룡이 멸종했다는 운석 충돌설에 바탕을 둔 설명이라는 것을 알기를 바란다.

그렇다면 소행성이란 무엇인가?

흔히 운석으로 불리는 조그만 천체로 크기는 천차만별이다. 이런 소행성은 종종 중력의 영향으로 행성과 충돌하기도 하며 다양한 분류 기준이 존재한다.

다음으로 당시에 충돌한 운석의 크기는 얼마나 큰 것일까?

유카탄반도에 생긴 크레이터의 이름은 칙슬루브 크레이터Chicxulub Crater로 1980년대에 지질학자 월터 알바레즈가 소행성 충돌설을 제안하였고 1990년대 지름 180㎞의 거대한 크레이터가 세상에 나오게 된다. 이때 소행성 충돌의 증거로 엄청나게 많은 이리듐이 나오는 것을 제시했고 경계층에는 석영의 동질이상 물질인 Coesite가 나오는 것 또한 소행성 충돌의 증거로 제시했다. 엄청난 크기의 크레이터를 만들어낸 소행성의 크기는 지름이 7~10㎞ 정도의 커다란 소행성으로 추측되고 있다(칙슬루브 크레이터의 절반은 바다에 절반은 육지에 위치해 있다).

이리듐은 어떤 원소일까?

칙슬루브 크레이터가 만들어진 때를 기준으로 중생대와 신생대의 기준을 나눈다. 이 경계는 이리듐이라는 특이한 원소를 포함하고 있다. 이리듐은 원자번호 77번으로 무거운 원소에 속한다. 때문에 지구 생성 당시 철과 니켈 같은 무거운 원소가 내려가고 가벼운 Na, K 같은 원소가 지각을 채울 때 내려갔기 때문에 지상에서 흔히 찾아볼 수 없는 원소다. 하지만 백악기 경계층에서는 이리듐 원소가 많이 포함되어 있는 것이 확인되었다. 이는 이리듐이 소행성 같은 곳에서 많이 발견되기 때문에 이를 운석 충돌의 증거로 제시하였다.

Coesite는 무엇일까?

Coesite는 SiO_2의 동질이상 광물로 고압과 고온의 상황에서 생성되는 광물이다. 여기서 동질이상Ploymorphism이란 무엇인지 설명하고 가야 이야기를 더 할 수 있다. 동질이상은 화학식은 같지만 광물의 물리적인 형태가 다른 것을 말한다. 이때 석영은 알파 석영α-quartz, 베타 석영β-quartz, 스티쇼바이트Stishovite, 트리디마이트Tridymite, 크리스토바라이트Cristobalite, 코에사이트Coesite로 6가지의 동질이상 광물이 존재한다. 이 광물들은 모두 SiO_2로 모두 화학식이 같으며 형태만 다른 광물이다.

간단히 두 개만 설명해 보겠다. 코에사이트는 매우 고온 고압에서 발견되는 석영의 형태로 지하 60~100㎞에서 만들어지기 때문에 지각에서는 거의 찾을 수 없는 형태다. 다음으로 스티쇼바이트는 코에사이트보다 더 고온 고압에서 만들어지는 광물의 형태다. 이들은 소행성이 충돌할 때 엄청난 압력과 열로 인해서 생성되는 게 가능하기 때문에 운석 충돌의 증거가 되기도 한다.

소행성은 충돌하면서 엄청난 열을 만들어냈고 이와 동시에 엄청난 쓰나미를 일으켰을 수 있다는 연구 결과도 존재한다. 또한 충돌 후 엄청난 열과 압력으로 인해 작은 유리구슬들이 생겨나기도 했다.

운석이 충돌하면서 만들어낸 쓰나미는 얼마나 높았을까?

2018년 12월 미국 지구물리학연맹의 학술회의에서 중생대 백악기 대멸종을 일으킨 소행성이 만들어낸 쓰나미의 시뮬레이션 모델이 공개되었다. 시뮬레이션은 소행성이 깊지 않는 바다에 떨어졌다는 것을 가정하고 진행되었으며 이후 10분을 보여 주었다.

소행성은 떨어지자마자 주변의 물을 충격으로 모두 밖으로 밀어냈고 밀려나갔던 물은 조금 있다 다시 크레이터로 돌아오며 다시 한번 바깥으로 엄청난 파도를 만들어냈다. 이후 물은 143㎞/s의 속도로 멕시코만에서 움직이면서 퍼져나갔고 처음 발생한 파도의 높이는 1,500m에 달했으며 남태평양에 도달한 파도의 높이도 14m에 달했다고 연구 결과를 발표했다. 이렇게 소행성이 일으킨 2차 피해는 엄청난 퇴적물을 이동시켰을 것이며 생물들에게도 큰 영향을 가했을 것이다(우리는 아직까지 이러한 피해를 겪어본 경험이 없으며 만약 인간이 이러한 피해를 받게 된다면 아직 인간은 이러한 피해에 대처할 능력이 없기 때문에 멸종할 가능성도 무시할 수 없다. 만약 1.5㎞의 쓰나미가 대한민국을 덮쳤다고 생각해보자. 해운대 마린시티의 건물은 비교도 안 될 높이의 파도가 올 것이며 우리는 아마 이제까지 본 적 없는 재난을 맞이할 것이다).

〈그림 11-1〉운석 충돌 일러스트

공룡 멸종의 이유가 소행성 충돌이 아닐 수도 있다?

인도 중부에 거대한 화성암으로 이루어진 고원이 존재한다. 이곳은 데칸트랩이라고 불리는 곳으로 백악기 말 엄청나게 큰 화산 활동에 의해서 형성된 것으로 추측되고 있는 곳이다. 여기서 사실 운석이 충돌한 때와 데칸트랩이 생긴 시간과는 별로 차이가 나지 않는 것을 근거로 칙슬루브 크레이터를 만든 소행성이 지구를 때려 그 반대편에 있는 데칸트랩(당시 인도는 칙슬루브 분화구의 지구 정 반대편에 위치했다)을 활성화시킨 것이 아닌가를 의심하는 논문이 『The Geological Society of America Bulletin』에 개제되었다(진자 운동 같은 원리로 합리적인 의심이라고 생각한다).

데칸트랩에 대해서 조금 더 자세히 알아보자면 데칸트랩은 백악기 말 대멸종을 일으켰을 가능성이 있는 요인 중 하나로 거론되고 있는 화산이다. 데칸트랩의 규모는 높이 2,000㎞의 지층을 만들어냈고 면적은 500,000㎢로 엄청난 규모를 보이고 있다. 이와 같은 화산에서 현무암질 용암이 흘러나오게 되면 용암에 의해 일대가 초토화되고 같이 나오는 가스와 같은 유해한 기체들은 생물체에게 영향을 끼쳤을 것이다(약 2도 정도 기후가 감소한 것이 대표적인 영향이다). 데칸트랩의 존재는 사실이지만 정말 데칸트랩의 직접적인 원인이 소행성 충돌이었는지는 후속 연구가 필요하다.

5번째 대멸종 말고 어떤 대멸종이 있었을까?

대멸종과 멸종의 개념은 앞에서 언급했으니 따로 언급하지 않고 백악기 말 대멸종 이외에 어떤 멸종이 있었는지 간단하게 살펴보고 가도록 하겠다.

1차 대멸종은 꽤 오래전에 일어났다. 때는 오르도비스기Ordovician 말 4억 4300만 년 전, 숫자만으로는 그 길이가 가늠이 되지 않는 시기에 급격한 기후 변화가 전 지구적인 생태계 변화를 일으키기 시작하고 당시의 초대륙 곤드와나가 남극으로 이동하였다. 해수면 수위가 낮아지기 시작했고 많은 생물들이 살았던 대륙붕의 크기도 줄어들기 시작했다. 이 때문에 이산화탄소의 농도가 떨어지며 대멸종이 시작되었다.

2차 대멸종은 3억 7천만 년 전 데본기_{Devonian} 말에 발생했다. 이 역시 급격한 기온 변화가 존재했으며 해저의 산소가 떨어지며 발생한 것으로 추정되고 이외에 다수의 운석 충돌이 수반되었을 것으로 추측되고 있다. 이 영향으로 70%의 종이 멸종되었다. 하지만 1차 대멸종과 2차 대멸종 사이 지구에는 육지에 발을 내딛은 생물이 나왔고 성층권에는 O_3분자들이 오존을 만들어냈다.

3차 대멸종은 고생대와 트라이아스기의 경계에 발생했다. 이 멸종은 지구 역사상 가장 규모가 큰 대멸종으로 추측되고 있다. 2억 5천만 년 전 판게아가 형성되면서 대륙붕이 감소하게 되었고 화산 폭발(시베리아 트랩)이 동반되면서 지구상 동물이 98% 멸종되는 심각한 상황이 발생했다. 이 대멸종으로 많은 양의 곤충이 멸종했고 가장 잘 알려진 고생대 생물인 삼엽충 역시 멸종을 피하지 못했다.

4차 대멸종은 트라이아스기와 쥐라기 사이에 발생했으며 이 시기 이후 공룡은 더욱 번성하였다. 판게아의 분열로 인하여 화산 활동과 기후 변화가 발생하였고 기온, 이산화탄소의 농도가 상승하였다.

이와 같이 지구 역사상 앞에서 언급했던 5차 대멸종을 포함하여 5번의 대멸종이 있었다. 그때마다 지구는 큰 변화를 겪어 왔고 지금의 지구에 이르렀다. 인간은 지구 역사상 가장 빠른 시간에 찬란한 문명을 이룬 유례없는 종이다. 아마 역사상 과거를 이렇게 궁금해하는 종은 없었을 것이며 이렇게 파고든 종도 없을 것이다. 하지만 우리는 아직 역사상 발생했던 이러한 멸종에 대처할 힘이 없다. 당장 지진과 화산 폭발이 일어나면 도망가는 것 빼고는 할 수 없는 미미한

힘만을 가지고 있을 뿐이며 무언가를 만들어 내는 힘보다는 무언가를 파괴하는 힘을 가지고 있는 종이라고 생각할 수도 있다. 그 때문인가 지금 인류는 6번째 대멸종을 겪고 있는 것일지도 모른다. 간단히 인간이 지구를 소비하는 속도가 지구가 회복하는 속도를 초월해 버린 것이다. 때문에 전혀 새로운 방식의 멸종을 겪고 있을지도 모르는 필자는 적어도 과거의 대멸종을 통해 우리가 무엇을 해야 하는지 한 번쯤 고민해볼 필요가 있다고 생각한다.

공룡을 멸종시킨 소행성이 인간을 멸종시킬 확률은?

공룡을 멸종시킨 소행성이 다시 한번 지구에 떨어진다면 무슨 일이 발생할까? 간단히 생각해보면 또다시 대멸종이 발생할 가능성이 높으며, 인간에게는 대재앙이 될 것이다. 우주에는 수많은 소행성이 존재한다. 특히 전 세계에서는 지구에 충돌할 가능성이 높은 소행성들은 따로 분류하여 관측하는 것으로 알려져 있다. 현재도 많은 소행성이 지구와 유사한 궤도를 빗겨나가면서 충돌할 위기를 모면하고 있지만 실제로 공룡을 멸종시킨 규모의 소행성이 충돌한 사례는 없다. 하지만 만약 지구에 다시 한번 소행성이 떨어지게 된다면 현재 인류의 기술로는 소행성을 막을 방법이 없으며 지구가 소행성과 충돌할 확률이 단순히 적지만은 않다는 것이다. 이것이 궁극적인 문제점이다. 충돌을 예측하는 것은 가능하지만 손쓸 방법 없이 대재앙을 맞이해야 한다는 것이다. 때문에 우리는 소행성을 막을 방법을 찾아야 하며 인류가 공룡과 같은 길을 걷지 않게 하기 위한 진보가 필요하다.

대멸종을 받아들이는 인간의 자세에 대하여

앞에서 언급했듯이 우리는 수많은 크고 작은 멸종들을 알고 있으며 적지만 강력하게 인간이 멸종에 관여한 몇몇의 사례들이 존재한다. 앞에서 언급한 5번의 대멸종이 지구에서 발생했을 때 인간은 존재하지 않았기 때문에 멸종의 위력을 몸소 체감할 수 없었다. 결국 우리는 멸종을 과거의 기록을 가진 땅으로 밖에 볼 수 없으며 이것은 지질학과 고생물학이 해야 할 일들 중 하나이다. 이 문제는 돌고 돌아 인간이 멸종을 통해서 무엇을 배울 수 있는가에 대한 답을 하는 것으로 도착할 수 있다. 마지막으로 이 문제에 대한 답을 하고자 한다. 지구는 태양계에서 유일하게 생명이 거주 가능한 조건을 만족하는 행성이다. 아직 인간은 지구 외에 다른 거주 가능한 조건의 행성을 찾지 못했기 때문에 지구를 떠날 수 없다. 하지만 산업혁명이 시작된 이후, 인간은 많은 발전을 거듭해왔다. 그 발전과 비례하게 지구에는 이상 증상이 나타났으며 우리는 최근의 관측 자료들을 통해서 객관적인 데이터로 그 사실들을 잘 알고 있다. 즉, 이러한 이상 증세들은 과거에 발생했던 현상들과는 다른 급격한 변화를 가져오며 이런 급격한 변화는 대멸종으로 이어질 수 있다는 사실을 대멸종의 기록을 통해서 알고 있다. 하지만 이러한 변화를 막기 위한 공격적인 대처는 이루어지고 있지 않다는 것이 사실이다. 즉 우리는 새로운 대멸종을 볼 수도 있으며 인간이 멸종하지 않으리라는 보장도 없다. 그러므로 지질학에서 말하는 대멸종의 사건들을 유심히 검토해보아야 할 필요가 있으며 이를 통해서 현재의 상황을 개선해야 할 의무가 있다.

글을 마치면서

인간이라는 종이 지구상에 등장하여 이족 보행이라는 위대한 도약을 하며 도구를 사용한 이래로 인간이 진보하는 것에 비례하게 생물들은 멸종하기 시작했다.

'인간은 창조보다는 파괴에 가까운 힘을 가지고 있다'

인간은 우연한 기회로 지구라는 행성에서 반짝이는 문명을 빠르게 발전시켜왔으며 많은 것을 만들어왔다. 하지만 그와 동시에 문명이라는 이름 아래 많은 것을 파괴하며 걸어온 역사 또한 존재한다. 어쩌면 우리는 뛰어난 창의력과 눈에 보이지 않는 것을 상상하고 그것을 현실로 만들어낼 수 있으며 모두가 불가능하다고 하는 것도 몇년 뒤 혹은 몇십 년 뒤 눈앞에서 그것을 보란 듯이 실현시켜 버리는 엄청난 능력을 가지고 있다. 그 때문일까, 인간은 창조만을 바라보며 자신이 무엇을 파괴하고 있는지에 대해서는 잘 생각하지 않는 것 같다.

'과거의 생물을 공부하는 것은 단순히 시간이 많아서도 돈이 많아서도 아닌 인간이 저지른 어리석은 사건을 반복하지 않기 위함이며 동시에 앞으로 다가올 미래에 대비하기 위해서이다'

많은 사람들은 왜 과거에 대해 공부하는지 의문을 가진다. 우리의 삶은 상당히 바쁘게 돌아간다. 사회라는 굴레 속에서 시간은 곧 돈이며 자신의 가치를 한 뼘이라도 더 올리기 때문이다. 이런 상황은 인간을 더욱 미래라는 단어 안에서 현재를 희생시키며 결국은 어리석다고 생각한 과거를 반복해버린다. 이런 과정이 물론 나를 발전시키고 더 나아가 인간을 발전시킬 수 있지만 과연 이게 맞는 것일까? 맞는다고 하더라도 너무 재미가 없지 않을까?

인간은 창에서 화살로 화살에서 총으로 총에서 대포로 대포에서 미사일로 자신의 힘을 발전시키며 힘을 키워왔다. 이런 과학 기술의 진보는 물론 화려하다. 하지만 당장 눈앞에서 화산이 터지거나 지진이 일어난다고 하면 그 어떤 사람도 지금까지의 과학 기술로 자연재

해를 막을 수는 없다. 우리의 힘으로는 최대한 빨리 도망가는 것만이 지금까지 인간이 개발해온 과학 기술로 할 수 있는 일이다.

'인간의 시간은 땅의 시간과 다르다'

앞에서 언급한 많은 멸종과 인간이 발전시켜온 힘, 이런 사건들이 일어난 지 얼마나 많은 시간이 흘러갔을까? 사실 지질의 관점에서 본다면 더 나아가 우주의 시간으로 인간을 바라본다면 티도 나지 않을 짧은 시간에 불과하다. 하지만 티도 나지 않을 시간이 무의미한가? 그건 아니다. 사실 출근하거나 학교에 가는 일주일도 버거운 사람들이기 때문에 46억이라는 지구의 시간보다는 한 달, 일주일이라는 시간이 더 와닿는 인간이기 때문에 더더욱 그 의미가 없는 것은 아니다. 때문에 과거의 그 수많은 시간을 통해 우리는 하루의 의미를 찾아야 하며 그 하루로 일주일의 하루씩을 채워가며 결국 한 생물로서의 의미 있는 시간을 만드는 것, 더 나아가 그 시간을 우리 후손에게 의미 있던 시간으로 전달해 주는 것이 인간이라는 생물이 평생 짊어지고 갈 과제라고 생각한다.

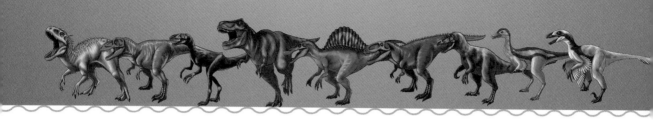

색인

백악기 지상 최고의 포식자

티라노사우루스

—

1쇄 인쇄   2020년 09월 29일
1쇄 발행   2020년 10월 06일

—

지은이   하연철·이동근
일러스트레이터   김민구
펴낸이   손영일

—

펴낸곳   전파과학사
주 소   서울시 서대문구 증가로 18, 204호
등 록   1956년 7월 23일 제10-89호
전 화   02-333-8877(8855)
F A X   02-334-8092
홈페이지   http://www.s-wave.co.kr
E-mail   chonpa2@hanmail.net
블로그   http://blog.naver.com/siencia

ISBN   979-89-7044-941-8 (03490)